火山岩油气藏的形成机制与分布规律研究丛书

国外火山（成）岩油气藏典型实例与成藏条件

舟清昌　付晓飞　曹宝军 等　编著

科学出版社

北　京

内 容 简 介

本书通过分析国外火山（成）岩油气藏典型实例，以盆地为基础，开展盆地背景、储层和油气藏运移、聚集方面的研究，揭示了国外典型火山（成）岩油气藏形成条件、运移和富集规律，完善了火山（成）岩油气成藏地质理论，系统梳理了国外典型火山（成）岩油气藏储层岩性、岩相、成藏条件。

本书可供从事油气地质勘探和石油地质综合研究的专业人员学习参考，也可作为高等院校油气地质与勘探专业本科生和研究生的参考书。

图书在版编目（CIP）数据

国外火山（成）岩油气藏典型实例与成藏条件／冉清昌等编著. —北京：科学出版社，2021.5
（火山岩油气藏的形成机制与分布规律研究丛书）
ISBN 978-7-03-068846-0

Ⅰ.①国⋯　Ⅱ.①冉⋯　Ⅲ.①火山岩–岩性油气藏–成藏条件–国外
Ⅳ.①P618.130.2

中国版本图书馆 CIP 数据核字（2021）第 095404 号

责任编辑：王　运　韩　鹏／责任校对：张小霞
责任印制：吴兆东／封面设计：王　浩

科学出版社 出版
北京东黄城根北街 16 号
邮政编码：100717
http://www.sciencep.com

北京建宏印刷有限公司 印刷
科学出版社发行　各地新华书店经销
*
2021 年 5 月第　一　版　开本：787×1092　1/16
2021 年 5 月第一次印刷　印张：11 3/4
字数：280 000
定价：158.00 元
（如有印装质量问题，我社负责调换）

本书作者名单

冉清昌　付晓飞　曹宝军　陆加敏

唐亚会　张　熠　刘学珍　冉逸轩

李国政　周　翔　周　建　刘　超

本书特约编辑：周　琴

丛 书 序

——开拓油气勘查的新领域

2001 年以来，大庆油田有限责任公司在松辽盆地北部徐家围子凹陷深层火山岩勘探中获得高产工业气流，发现了徐深大气田，由此，打破了火山岩（火成岩）是油气勘探禁区的传统理念，揭开了在火山岩中寻找油气藏的序幕，进而在松辽、渤海湾、准噶尔、三塘湖等盆地火山岩的油气勘探中相继获得重大突破，发现一批火山岩型的油气田，展示出盆地火山岩作为油气新的储集体的巨大潜力。

从全球范围内看，盆地是油气藏的主要聚集地，那里不仅沉积了巨厚的沉积岩，也往往充斥着大量的火山岩，尤其在盆地发育早期（或深层），火山岩在盆地充填物中所占的比例明显增加。相对常规沉积岩而言，火山岩具有物性受埋深影响小的优点，在盆地深层其成储条件通常好于常规沉积岩，因此可以作为盆地深层勘探的重要储集类型。同时，盆地早期发育的火山岩多与快速沉降的烃源岩共生，组成有效的生储盖组合，具备成藏的有利条件。

但是，作为一个新的重要的勘探领域，火山岩油气藏的成藏理论和勘探路线与沉积岩石油地质理论及勘探路线有很大不同，有些还不够成熟，甚至处于启蒙阶段。缺乏理论指导和技术创新是制约火山岩油气勘探开发快速发展的主要瓶颈。为此，2009 年，国家科技部及时设立国家重点基础研究发展计划（973 计划）项目"火山岩油气藏的形成机制与分布规律"，把握住历史机遇，及时凝练火山岩油气成藏的科学问题，实现理论和技术创新，这对于占领国际火山岩油气地质理论的制高点，实现火山岩油气勘探更广泛的突破，保障国家能源安全具有重要意义。大庆油田作为项目牵头单位，联合中国科学院地质与地球物理研究所、吉林大学、北京大学、中国石油天然气勘探研究院和东北石油大学等单位的专业人员，组成以冯志强、陈树民为代表的强有力的研究团队，历时五年，通过大量的野外地质调查、油田现场生产钻井资料采集和深入的测试、分析、模拟、研究，取得了一批重要的理论成果和创新认识，基本建立了火山岩油气藏成藏理论和与之配套的勘探、评价技术，拓展了火山岩油气田的勘探领域，指明火山岩油气藏的寻找方向，为开拓我国油气勘探新领域和新途径做出了重要贡献：

一是针对火山岩油气富集区的地质背景和控制因素科学问题，提出了岛弧盆地和裂谷盆地是形成火山岩油气藏的有利地质环境，明确了寻找火山岩油气藏的盆地类型；二是针对火山岩储层展布规律和成储机制的科学问题，提出了不同类型、不同时代的火山岩均有可能形成局部优质和大面积分布的致密有效储层的新认识，大大拓展了火山岩油气富集空间和发育规模，对进一步挖掘火山岩勘探潜力有重要指导意义；三是针对火山岩油气藏地球物理响应的科学问题，开展了系统的地震岩石物理规律研究，形成了火山岩重磁宏观预测、火山岩油气藏目标地震识别、火山岩油气藏测井评价和火山岩储层微观评价 4 个技术系列，有效地指导了产业部门的勘探生产实践，发现了一批油气田和远景区。

"火山岩油气藏的形成机制与分布规律"项目，是国内第一个由基层企业牵头的国家重大基础研究项目，通过各参加单位的共同努力，不仅取得一批创新性的理论和技术成果，还建立了一支以企业牵头，"产、学、研、用"相结合的创新团队，在国际火山岩油气领域形成先行优势。这种研究模式对于今后我国重大基础研究项目组织实施具有重要借鉴意义。

《火山岩油气藏的形成机制与分布规律研究丛书》的出版，系统反映了该项目的研究成果，对火山岩油气成藏理论和勘探方法进行了系统的阐述，对推动我国以火山活动为主线的油气地质理论和实践的发展，乃至能源领域的科技创新均具有重要的指导意义。

2015 年 4 月

前　言

在传统的油气勘探中，由于火山岩形成时伴随高温环境，不利于油气成藏，人们将其视为油气勘探的"禁区"，不纳入油气勘探的领域内。自19世纪末以来的100多年里，世界上100多个国家在300多个盆地或区块的火山岩中发现了一些油气藏和油气田，但因其中发现的油气储量所占比例不足1%，也未能引起足够的重视，仍被认为具有偶然性。我国的情况亦类似，20世纪50年代，在准噶尔盆地火山岩中首次发现了油气，并于八九十年代探明了一些储量，但未形成持续储量增长规模；火山岩油气藏的勘探潜力及分布规律没有被很好地认识到。

直到2002年，通过转变思想观念，大庆油田将深层火山岩作为一个目的层，有针对性地布置钻探。在松辽盆地徐家围子断陷下白垩统营城组火山岩中获得天然气重大突破，已探明天然气储量4000多亿立方米，使之成为中国东部迄今为止最大的气田——庆深气田，展示出松辽盆地火山岩油气勘探的广阔前景，进而带动了全国性的火山岩油气勘探发现与突破，相继在三塘湖、塔里木、下辽河和渤海湾等盆地探明了一批火山岩油气田，使火山岩由油气勘探的"禁区"变成了油气勘探的"靶区"，火山岩油气藏展现出巨大的勘探潜力，使火山岩成为中国陆上油气勘探的重要领域之一。

总结半个世纪以来我国火山岩油气勘探的发展规律发现：由于火山岩油气藏成藏理论、控制因素和勘探方法的特殊性和复杂性，火山岩油气勘探一直没有保持住持续增长态势。究其缘由，关键是对火山岩油气藏成藏地质基础、储层形成控制因素、油气运聚机理和分布规律认识不清，加上各油田部门受勘探程度、研究程度、认识程度的制约，更加导致对火山岩油气藏的储层岩性特点、油气藏规模认识的局限性，结果导致火山岩油气藏勘探潜力被严重低估。因而，不能有效指导火山岩油气勘探，扩大火山岩油气勘探成果。通过对"火山岩油气藏的形成机制与分布规律"项目（2009CB219300）历时5年（2009~2013）的研究发现，各种时代、各类岩性岩相的火山岩均可成储成藏，岩性岩相是基础，风化淋滤、深埋溶蚀和成岩改造是形成有效储层的关键。基于这一认识，大庆油田领导组织相关研究力量，对国外规模较大的火山岩油气藏的储层、岩性、岩相、时代、规模等进行文献调研，并对典型火山岩油气藏进行成藏条件综合分析，以期站在国际火山岩油气藏勘探开发研究前沿，密切跟踪国际典型火山岩油气藏勘探开发进展，进而深化大庆油田火山岩油气藏研究，扩大深层火山岩油气勘探场面、勘探层系和勘探领域，为大庆油田可持续发展提供更多的深层天然气资源基础。

据相关统计，国外储量排名前14的火山（成）岩油气藏中，其探明储量亿吨以上的火山（成）岩油气藏储层几乎都是基性岩、侵入岩（如贾蒂巴朗油气田储层岩性为玄武岩、安山岩，储量为 5.91×10^8 t 油、850×10^8 m³ 气；Scott Reef 油气田储层岩性为玄武岩，储量为 1795×10^4 t 油、3877×10^8 m³ 气；白虎油田储层岩性为花岗岩，储量为 1.9×10^8 t 油）；探明储量 5000×10^4 t 以上的、中基性岩、侵入岩也占了约一半。截至目前，国外最大的火山岩油气田贾蒂巴朗，已产出 1.767×10^8 t 的原油和 760×10^8 m³ 的天然气。国外诸多大型火山（成）岩油气藏相继开发成功，表明基性岩、侵入岩比火山岩油气藏的规模、储量潜力更大，为我国推进火山（成）岩油气藏勘探事业提供了现实的依据。

对比我国的火山岩油气勘探现状，以松辽盆地为例，其火山岩油气勘探以中生代酸性、中酸性火山岩为主，但不乏基性玄武岩到中性安山岩的发育和分布。更重要的是，目前的油气钻探证实，松辽盆地发育晚古生代、中生代和新生代三大火山岩构造层系，其中晚古生代和新生代两大火山岩构造层系均以基性、超基性火山岩为主。如果借鉴国外规模较大火山岩油气藏以基性-超基性岩占据约一半的成藏规模和分布规律，突破岩性上的限制，有望扩展大庆油田火山岩油气的勘探领域，实现大庆油田三大构造层系火山岩油气"纵向开花"的勘探场面和分布格局，使大庆油田火山（成）岩油气勘探进入新的发展阶段。

本书正是我们为实现此目标而做出不懈努力的成果。全书通过剖析国外贾蒂巴朗、Scott Reef、白虎、Suban、Kudu、Medanito-25 de Mayo、Urucu、穆拉德汉雷油田、Richland、Ben Khalala-Haoud Berkaoui、雅拉克金、萨姆戈里、Ragusa、吉井-东柏崎 14 个火山（成）岩油气藏典型实例，以盆地为基础，开展盆地背景、储层和油气运移、聚集方面的研究，揭示了国外典型火山（成）岩油气藏形成条件、运移和富集规律，完善了火山（成）岩油气藏勘探地质理论，系统梳理了国外典型火山（成）岩油气藏储层岩性、岩相、成藏条件。本书提供的现实依据能够使大庆油田科技人员更加坚定深层火山岩油气勘探的信心；对扩大油田火山岩勘探层系、勘探领域、天然气可持续发展，具有重要借鉴意义和现实意义；也必将为进入开发中晚期的油田延长原油稳产期，巩固和保持我国原油产量，实现我国油田永续辉煌的战略目标，指明资源接替的后备勘探方向。

本书编写是在大庆油田有限责任公司勘探开发研究院冉清昌高级工程师、东北石油大学付晓飞教授的统一组织和指导下完成的。前言由冉清昌编写；第一章由付晓飞编写；第二章由张熠编写；第三章第一节、第二节由陆加敏编写，第三节由李国政、周翔编写；第四章第一节由曹宝军编写，第二节由张熠编写，第三节由陆加敏、周建编写；第五章第一节由曹宝军编写，第二节由陆加敏编写，第三节由刘学珍、冉逸轩、刘超编写；第六章第一节由曹宝军编写，第二节由唐亚会编写；全书由冉清昌负责审核、统稿和定稿。

大庆油田有限责任公司勘探开发研究院《大庆石油地质与开发》编辑部周琴作为本书的特约编辑，负责书稿校对。

在编写过程中，得到了大庆油田有限责任公司勘探开发研究院天然气室和科技情报室、东北石油大学地球科学学院、北京大学石油与天然气研究中心等单位领导的大力支持和指导。此外，还得到了东北石油大学柳波教授、北京大学师永民研究员、大庆油田有限责任公司科技情报室张玉玮高级工程师、刘新、秦佳、王崧源等专业技术人员的大力支持和热心帮助。其中张玉玮、刘新和秦佳翻译英文文献 10 篇，近 9 万字；王崧源翻译日文文献 8 万字。东北石油大学硕士研究生李梅、王猛、战世芬为本书清绘全部图件，在此一并致以衷心的感谢。

　　由于火山（成）岩成藏条件复杂，资料众多，加之时间短促和作者水平有限，本书对国外典型实例的剖析以及成藏条件的归纳总结，难免有不妥之处，敬请读者和同仁指正！

作　者

2021 年 4 月 12 日

目　录

丛书序

前言

第一章　绪论 ··· 1

　第一节　国内外火山（成）岩油气藏勘探现状 ··································· 1

　　一、国外火山（成）岩油气藏勘探现状 ····································· 1

　　二、国内火山岩油气藏勘探现状 ··· 2

　第二节　国内外火山（成）岩油气藏勘探开发技术 ····························· 4

　　一、国内外火山（成）岩油气藏勘探技术 ··································· 4

　　二、国内外火山（成）岩油气藏开发技术 ·································· 11

　第三节　国外火山（成）岩油气藏典型实例 ·································· 15

　　一、贾蒂巴朗油田 ·· 15

　　二、Scott Reef 油气田 ··· 16

　　三、越南白虎油田 ·· 16

　　四、Suban 气田 ·· 16

　　五、Medanito-25 de Mayo 油田 ··· 16

　　六、穆拉德汉雷油田 ·· 17

　　七、萨姆戈里油田 ·· 17

　　八、吉井-东柏崎气田 ··· 17

　　九、南长冈气田 ·· 17

第二章　国外火山（成）岩油气藏简介 ·· 19

　第一节　国外典型火山（成）岩油气藏 ·· 20

　第二节　盆地及其火山（成）岩油气藏实例解析 ································ 21

　　一、印度尼西亚爪哇盆地贾蒂巴朗油气田 ··································· 21

　　二、澳大利亚布劳斯盆地 Scott Reef 油气田 ································ 28

　　三、越南九龙盆地白虎油田 ··· 29

　　四、印度尼西亚南苏门答腊盆地 Suban 气田 ································· 35

　　五、纳米比亚奥兰治盆地 Kudu 气田 ·· 37

　　六、阿根廷内乌肯盆地 Medanito-25 de Mayo 油气田 ························ 38

　　七、巴西萨利莫斯盆地 Urucu 油气田 ······································· 43

　　八、阿根廷 Austral 盆地 Cerro Norte 气田、Campo Bremen 气田、Oceano 油气田 ···· 45

　　九、阿尔及利亚三叠盆地 Ben Khalala 和 Haoud Berkaoui 油田 ·············· 49

　　十、库拉盆地阿塞拜疆穆拉德汉雷油田、格鲁吉亚萨姆戈里油田 ·············· 50

十一、日本新潟盆地火山岩油气藏 ································· 58
第三节　含油气盆地的分布 ····································· 73
第三章　盆地背景 ··· 76
第一节　盆地的板块构造背景 ··································· 76
一、岛弧背景 ··· 77
二、裂谷背景 ··· 80
第二节　盆地演化发展史 ······································· 82
一、弧后盆地 ··· 82
二、裂谷盆地 ··· 89
第三节　典型火山（成）岩成藏背景分析 ····················· 97
第四章　储层及控制因素 ··· 100
第一节　国外火山（成）岩油气藏储层简介 ················· 100
第二节　储集空间发育程度与控制因素 ····················· 103
一、储层岩性及储集空间 ····································· 103
二、储集空间发育的控制因素 ································· 120
第三节　储层发育的主控因素 ································· 133
第五章　岩浆、火山作用与成藏 ··································· 135
第一节　构造条件 ··· 135
一、越南九龙盆地白虎油田 ··································· 135
二、阿根廷内乌肯盆地 Altiplanicie del Payún（ADP）地区 ··· 136
三、日本的"绿色凝灰岩" ····································· 136
第二节　岩浆侵入浅层产生的热异常影响 ····················· 143
一、阿根廷 ADP 区域侵入岩热异常 ····················· 143
二、日本新潟盆地火山活动引起的热异常 ··················· 147
第三节　运移和成藏 ··· 156
一、运移与聚集 ··· 156
二、盖层 ··· 161
三、岩浆、火山作用对成藏的积极控制作用 ················· 163
第六章　国外火山岩油气藏开发实例 ··························· 165
第一节　阿根廷 Cupen Mahuida 气田开发特征 ··········· 165
一、气田概况 ··· 165
二、气藏工程 ··· 165
三、水力压裂 ··· 167
第二节　日本南长冈气田开发特征 ··························· 168
一、气田概况 ··· 168
二、开采特征 ··· 169
主要参考文献 ··· 172

第一章 绪 论

中国石油集团经济技术研究院发布《2017年国内外油气行业发展报告》称，2017年，中国石油净进口量达到 $3.96×10^8t$，同比增长10.8%；对外依存度达到67.4%，较去年上升3.1%；而中国石油产量为 $1.92×10^8t$，同比下降4.1%。2018年中国的石油1~9月进口量为 $3.36×10^8t$，同比增长5.9%。石油对外依存度逼近70%，严重威胁我国的能源安全。

虽然近几年中国能源消费增长较快，但人均能源消费水平仅为发达国家平均水平的三分之一，未来能源消费还将大幅增长。尽管我国油气勘探取得一定成功，目前仍处于稳步增长阶段，但是也难以缓解日益严峻的能源供需矛盾，急需新兴能源接替常规油气资源，缓解我国能源压力，保障能源安全。

在油气勘探的过程中，偶然会从非沉积岩中发现油气，最初这些油气被认为是意外形成的。且火山（成）岩储层被认为储集性能有限，经常在油气勘探的过程中被忽略和规避。随着油气勘探开发事业的不断推进，人们对这种非常规油气藏的认识也不断深入，发现在这种岩石中含有油气绝非偶然。许多大型含油气盆地的火山（成）岩中都发现了油气藏，甚至在某些盆地中火山（成）岩油气藏还占有主导地位，而且火山活动和岩浆活动对油气藏的形成也不都是破坏作用，它也能够对油气的生成、运移、聚集成藏发挥建设性的影响，因此，火山（成）岩油气藏作为油气勘探的新领域，引起了广大石油工作者的关注。

第一节 国内外火山（成）岩油气藏勘探现状

一、国外火山（成）岩油气藏勘探现状

自从1887年在美国加利福尼亚州圣华金盆地首次于火山岩中发现油气以来，火山（成）岩油气藏的勘探已有一百多年的历史，综合起来，对火山（成）岩油气藏的认识及研究大致概括为4个阶段。

（一）早期阶段（20世纪50年代以前）

大多数火山（成）岩油气藏都是在勘探常规油气藏时发现的。当时，相当一部分人认为火山（成）岩含油气只是偶然现象，甚至认为它不会有任何经济价值，因此采取忽略的态度对待。

（二）第二阶段（20 世纪 50 年代初至 70 年代）

1953 年，委内瑞拉成功发现了拉帕斯油田，其最高单井日产量达到 1828m³，这是世界第一个有目的勘探并获得成功的火山（成）岩油田。这一油田的发现标志着对火山（成）岩油藏的认识进入一个新的阶段，人们开始认识到在这类岩石中聚集石油并非异常现象，从而予以一定的关注，之后美国、墨西哥、古巴、委内瑞拉、阿根廷、苏联、日本、印度尼西亚、越南等国家陆续勘探开发了多个大型的火山（成）岩油气藏，其中较为著名的是格鲁吉亚的萨姆戈里油藏、阿塞拜疆的穆拉德汉雷油藏、日本的吉井-东柏崎气藏等，但是由于发现的火山（成）岩油气藏的规模都比较小，大多数的探明储量小于 5000×10⁴t，因此对火山（成）岩油气藏并不重视，此时关注的焦点还在常规油气藏方面。

（三）第三阶段（20 世纪八九十年代）

在西太平洋岛弧区域陆续勘探开发了多个大型的火山（成）岩油气田，探明储量均超过 1×10⁸t，分别是：①贾蒂巴朗油气田（印度尼西亚），储量为油 5.91×10⁸t、气 850×10⁸m³；②Scott Reef 油气田（澳大利亚），储量为油 1795×10⁴t、气 3877×10⁸m³；③白虎油田（越南），储量为油 1.9×10⁸t；④Suban 气田（印度尼西亚），储量为气 1698×10⁸m³；虽然发现了大型的火山（成）岩油气藏，但多为局部勘探，尚未作为主要领域进行全面勘探和深入研究，目前全球火山（成）岩油气储量仅占总油气储量的 1% 左右，未能引起足够的重视，火山岩油气藏的勘探潜力及分布规律没有被很好地认识，仍被认为具有偶然性（张子枢和吴邦辉，1994），火山（成）岩油气藏研究还处于起步阶段。

（四）第四阶段（2000 年以来）

进入 2000 年之后，随着人类社会对油气资源的需求急剧增加，而常规油气资源的产量趋于稳定，已经不能满足日益增长的能源消耗，越来越多的目光投向了非常规油气资源，火山（成）岩作为非常规油气资源的一个重要类别，也被纳入重点勘探开发的范围内。阿根廷、泰国和印度等国，已经将火山（成）岩油气藏作为重点勘探开发方向，以接替日益枯竭的常规油气资源。

二、国内火山岩油气藏勘探现状

我国的情况也类似于国外，中国火山岩油气藏最早于 1957 年在准噶尔盆地西北缘被发现，已经历了 60 余年的勘探开发。目前在渤海湾盆地、松辽盆地、准噶尔盆地、二连盆地、三塘湖盆地等 11 个含油气盆地发现了火山岩油气藏。中国火山岩储层油气勘探大致经历了 3 个阶段。

（一）早期阶段（20 世纪 50~70 年代）

其主要为偶然发现阶段，主要集中在准噶尔盆地西北缘和渤海湾盆地辽河、济阳等拗陷。

（二）局部勘探阶段（20 世纪 80 年代初至 90 年代末）

随着地质认识的深化和勘探技术的进步，我国开始在渤海湾、准噶尔等盆地个别地区开展针对性勘探，相继在准噶尔、渤海湾、苏北等盆地发现了一些火山岩油气藏，如准噶尔盆地西北缘克拉玛依玄武岩油气藏、内蒙古二连盆地的阿北安山岩油气藏，以及渤海湾盆地黄骅拗陷风化店安山岩油气藏和枣北沙三段玄武岩油气藏、济阳拗陷的商 741 辉绿岩油气藏等。但未形成持续储量增长规模，火山岩油气藏的勘探潜力及分布规律也没有被很好地认识。

（三）全面勘探阶段（2000 年以来）

直到 2002 年，通过转变思想观念，大庆油田将深层火山岩作为一个目的层，有针对性地布置钻探。在松辽盆地徐家围子断陷营城组火山岩中获得了天然气重大突破，探明天然气储量 $4000\times10^8 m^3$，这是中国东部至今为止最大的气田——庆深气田，展示出松辽盆地火山岩油气勘探的广阔前景，进而带动了全国性的火山岩油气藏勘探开发与突破，相继在三塘湖、塔里木、下辽河和渤海湾等盆地全面开展火山岩油气勘探，探明了一批大中型火山岩油气田，如长岭Ⅰ号、克拉美丽、牛东等，使火山岩由油气勘探"禁区"变成了油气勘探的"靶区"，展现出巨大的勘探潜力（邹才能等，2008；赵文智等，2009；刘嘉麒和孟凡超，2009），使火山岩成为中国陆上油气勘探的重要领域之一。

2009 年，我国将火山岩油气藏勘探纳入国家重点基础研究发展计划（973 计划），提出"火山岩油气藏的形成机制与分布规律"（2009CB219300）课题，组织有关科研力量，针对该类型油气藏的地质背景、储层、成藏机理等方面开展了广泛和深入的研究。通过历时 5 年（2009~2013 年）的研究发现，各种时代、各种岩性及岩相的火山岩均可成储成藏，其中岩性、岩相是基础，风化淋滤、深埋溶蚀和成岩改造是形成有效储层的关键。基于这样的认识，大庆油田领导组织相关力量，对国外规模较大的火山（成）岩油气藏的储层、岩性、岩相、形成时代和规模等进行文献调研。对比国外典型火山（成）岩油气藏，进行成藏条件分析，以期站在国际火山（成）岩油气藏勘探开发研究前沿，密切追踪国外典型火山（成）岩油气藏勘探开发进展，进而深化大庆油田火山岩油气藏研究，扩大深层火山岩油气勘探场面、勘探层系和勘探领域，为大庆油田可持续发展提供更多的深层天然气资源。

据相关统计，国外储量排名前 14 的火山（成）岩油气藏中，其探明储量亿吨以上的火山（成）岩油气藏储层几乎都是基性岩，如贾蒂巴朗油气田储层为玄武岩、安山岩；Scott Reef 油气田储层为玄武岩；白虎油田储层为花岗岩；Suban 气田储层为花岗岩。探明储量 5000×10^4t 以上的火山（成）岩油气藏中，中基性岩储层也占了一半。截至目前，国外最大的贾蒂巴朗火山岩油气田，已产出 1.767×10^8t 石油和 $760 \times 10^8 m^3$ 天然气。国外诸多大型火山（成）岩油气藏相继开发成功，表明基性火山（成）岩油气藏的规模、潜力更大，这为我国进行火山（成）岩油气藏勘探提供了现实的依据。

对比我国火山岩油气勘探现状，以松辽盆地为例，其火山岩油气勘探以酸性、中酸性火山岩为主，但不乏基性玄武岩到中性安山岩发育和分布。更重要的是，目前的油气钻探证实，松辽盆地发育晚古生代、中生代和新生代三大火山岩构造层系，其中晚古生代和新生代两大火山岩构造层系均以基性、超基性火山岩为主。如果借鉴国外火山（成）岩油气藏以基性–超基性岩占据约一半的成藏规模和分布规律，突破岩性上的限制，有望扩展我国火山（成）岩油气勘探领域，使我国火山（成）岩油气勘探进入新的发展阶段。

第二节　国内外火山（成）岩油气藏勘探开发技术

一、国内外火山（成）岩油气藏勘探技术

各国火山（成）岩油气藏勘探方法在宏观方面，着重寻找火山岩体，主要应用野外描述、重力勘探、磁法勘探、声频磁场法、合成地震记录的振幅相位频率分析等技术方法，以及综合这些技术来研究火山岩岩相、岩性、物性和厚度分布，微观方面在火山岩岩石学特征、成岩作用及其对储层物性的影响方面的研究较为细致。

（一）应用常规勘探方法研究火山（成）岩油气藏存在的问题

1. 火山（成）岩岩性与岩相的测井识别方法与技术方面

国外对复杂岩性裂缝储层的测井评价，主要采用成像测井技术研究储层纵向分布、产状、类型等，含油性解释采用均质模型，如 Elan 最优化测井储层分析软件，缺少高精度的储层参数量化和可靠的含油性评价。

2. 火山（成）岩储层识别与预测方法技术方面

火山岩具有与其他种类岩石所不同的岩石物性特征及成岩地质背景，因而具有其特殊的地质的或地球物理的特征。在一般情况下，相对其他种类岩石在速度、密度、电阻率及磁化率方面都有很大不同，因而奠定了其所特有的重磁电震异常特征。

由于重磁电异常具有成因的复杂性、体积效应，应用重磁电等非地震物探方法技术圈定深层火山岩在国内外还没有发现特别有效的手段，仍处在探索阶段，并存在以

下突出问题：

（1）重磁电火山岩响应规律性上不清楚；

（2）预测精度上存在不确定性。

但应用非地震物探方法技术研究火山岩也确实是一种重要的宏观预测方法。总体来说，都是通过多种技术方法来突出或分离与火山岩相关的重磁异常，结合地震、测井及正演方法来识别圈定火山岩。目前针对宏观预测火山岩的电法方面，电磁剖面技术、位场三维物性反演与三维可视化结合对于火山岩预测是一个重要的发展方向。

地震勘探方法以其较高的纵、横向波场分辨能力在火山岩储层油气勘探中发挥重要作用，在火山岩地震成像质量可靠的基础上，总结火山岩地震反射特征和可视化技术；用趋势面分析和频谱成像方法，识别火山岩机构的分布；采用地震波阻抗等方法提取火山岩厚度，预测火山岩储层分布。近年来多波多分量地震数据处理、解释方法为火山岩储层流体识别提供了有效手段。

基本形成了火山岩储层地震叠前成像和叠后预测配套技术；推广应用了深层火山岩储层三维叠前偏移技术；建立了火山机构地震相特征识别方法；在火山岩岩性、岩相及有效储层预测技术方面，取得阶段成果。

但层状火山岩的地震相识别，以及在火山机构内部刻画、火山岩储层含油气检测等方面还需要深入研究。

各个油气公司大多是利用以上勘探技术，从几何形态识别方面，寻找火山口，在其分布区进行钻探。我国基本形成了火山岩油气勘探配套技术系列，但是系统的火山岩地震勘探、储层预测和油气藏识别方面公开发表的文献较少。国内中国石油勘探开发研究院北京院区、中国石油勘探开发研究院西北分院、辽河油田、塔里木油田、中国石油大学（北京）和一些油气勘探技术服务公司等都曾开展过火山岩油气藏的研究工作，其中应用重磁电识别火山岩体和应用地震属性分析方面的专项研究较多。

火山岩储层具有岩性复杂、相变快、非均质性强、储集空间复杂等特点，油气受构造、岩性、后期蚀变等多重因素控制，在缺乏系统的技术理论体系情况下，单一探测和评价技术或针对个例油气藏（如酸性火山岩）的预测和评价技术组合通常不具备普适性，对于中性和基性火山岩、层状火山岩、有效储层和油气层的识别还没有有效技术方法。因此，建立适合我国火山岩储层类型的评价和油气藏识别的理论和技术体系已迫在眉睫，也是火山岩油气藏勘探和开发的国际性难题。

（二）国内外火山（成）岩油气藏勘探技术系列

通过分析国内外火山（成）岩油气藏勘探技术方法，针对其存在的问题，"火山岩油气藏的形成机制与分布规律"（2009CB219300）课题组以研究火山岩储层地球物理响应为研究对象，在梳理、总结前人工作成果的基础上，研发火山岩储层及其油气藏识别与评价关键技术，建立相应的技术标准与行业规范，经过5年的攻关，形成了针对火山岩储层油气勘探的 4 项技术系列：

（1）火山岩体、岩性重磁电早期、宏观分布预测技术系列；

（2）火山机构、岩相、岩性、有效储层地震预测技术系列；

（3）火山岩岩性、岩相、储层、流体测井识别技术系列；

（4）火山岩岩性、储层的实验室微观分析技术系列。

1. 火山岩体、岩性重磁电早期、宏观分布预测技术系列

1）深大断裂重磁识别技术

主要解决的问题：深大断裂重磁异常有什么特征？深大断裂重磁异常如何获取？如何突出深大断裂重磁信息？

综合欧拉反褶积、小子域滤波、水平梯度矢量模、重力相干滤波处理、图形图像处理等方法突出深大断裂信息：

（1）欧拉反褶积方法：该方法是近几年来比较热门的重磁处理方法，也是未来三维重磁梯度测量资料处理中的重要方法。该方法基于欧拉方程，不同的构造在欧拉方程中对应不同的构造指数，当选取断裂构造指数进行处理时就能够获得反映断裂深度及延展方向的信息，以便对深大断裂的性质进行判别。

（2）小子域滤波方法：该方法是一种非线性滤波方法，能够有效地增强重磁异常中的梯度带，便于断裂的识别。

（3）水平梯度矢量模方法：该方法能够克服水平导数处理带来的负异常，使反映断裂的重磁信息更加突出，便于断裂的划分。

（4）重力相干滤波处理方法：在重力处理中，应用该方法的目的是增强线状及梯级带重力异常特征。模型试验证明：应用该方法处理的断裂信息丰富，断裂信息的连续性进一步增强，断裂弱信息的分辨能力显著提高，断裂信息的方向性更加清晰，使得划分的断裂更加可靠、自然。

（5）图形图像处理方法：该方法能使某一方向的非线状构造同时又具有线状特征的重磁场得到加强。更重要的是该方法能够有效地突出叠加在强异常之上的弱异常，使隐含在重磁异常内的断裂得以反映。

2）深层火山岩分布重磁预测技术

主要解决的问题：深层火山岩磁异常信息如何计算？深层火山岩重磁异常的获取方法？

积分迭代延拓平化曲后的磁异常很好地反映了深层火山岩的特征，该方法建立在迭代积分下延基础之上；迭代下延法具有克服高频振荡的绝对优势，在突出深层火山岩弱信号及能量均衡上一定能发挥较好的应用效果。

3）深层火山岩岩性分布重磁预测技术

主要解决的问题：深层火山岩不同岩性磁异常信息如何计算？深层火山岩不同岩

性重磁异常的获取方法？

基于火山岩相对视密度、火山岩磁化率、相对视密度与磁化率的相关系数信息，利用神经网络判别法进行盆地火山岩岩性预测。具体步骤如下：

（1）对反映深层火山岩重磁异常进行三维磁化率及相对视密度反演，切取磁化率反演断面并获取与 T4 界面相关的磁化率及密度切片。经平化曲求取的火山岩磁异常处理的磁化率较原始磁异常反演的磁化率具有较高的分辨率，局部磁性体的空间分布特征非常清楚，这些局部磁性体大多反映的是断陷内的火山岩。

（2）对钻遇的深层火山岩岩性进行岩性分类编码，通过插值获取已知井处的相对视密度、视磁化率及两者的相关系数形成神经网络训练学习的样本空间。

（3）应用 BP 神经网络对已知样本进行训练学习形成判别网络。

（4）应用判别网络对火山岩岩性进行判别，完成火山岩岩性的预测。

2. 火山机构、岩相、岩性、有效储层地震预测技术系列

1）火山岩地层地震层序解释技术

主要解决的问题：火山岩地层具有杂乱、横向连续性差的基本属性特征。基于水动力条件的传统的层序地层学理论在火山岩横向对比上很难发挥作用。如何在火山岩地层内部开展精细研究对比，是进一步深化气藏分布规律认识的关键。

技术对策：

（1）开展全区钻井–测井–地震联合统层研究，制作合成记录，通过点–线–面–体–空间逐次实践、认识，确保钻井地质分层的准确性，结合三维可视化解释技术，保证了层位解释的可靠性。

（2）深入剖析徐家围子断陷营城组不同期次、不同旋回火山岩接触关系及界面特征，结合波场正演模拟成果，建立了"定地层–找通道–圈岩体–分旋回–体对比"的火山岩地震层序解释技术。

2）火山机构的地震识别方法

主要解决的问题：火山机构近火山口叠合区储集物性最佳，发育有效的孔缝组合，是火山岩气藏平面上发育的最有利部位，如何预测火山机构是火山岩勘探的重要问题。

技术对策：

建立以地震振幅切片动态演化分析、地震不连续边缘检测技术、构造局部异常提取分析为核心的识别火山机构技术系列，定性预测火山岩及有利储层发育区。

（1）地震振幅切片动态演化分析技术。振幅切片动态演化分析技术是沿火山岩地层垂向逐一采样点进行地震属性分析，结合火山机构的地震响应特征进行火山机构的识别。

（2）不连续边缘检测技术。不连续边缘检测技术基于第三代相干的精细算法，利用三维地震数据体中相邻道之间地震信号的相似性来描述地层、岩性的横向非均匀性。在断层切割的部位，相邻道之间的相干性将产生明显的不连续性。由沉积环境引起的地层岩性横向非均质性的变化也会改变地震相干性的强弱差异，从而可在相干时间切

片上很清楚地识别出断层和不同的岩性体系特征。

（3）局部构造异常提取技术。火山机构的局部异常提取技术是通过对构造趋势面和古构造发育史的分析，研究局部构造起伏来识别火山机构发育情况。地层界面的趋势变化是区域构造背景的反映，而构造运动、沉积作用、压实作用以及火山活动等原因可造成地层界面的局部变化、凸起或下凹，可以较好地预测火山机构的空间分布。

3）火山岩岩相地震预测方法

主要解决的问题：火山岩不同岩相具有不同的地震响应特征，如何开展火山岩岩相地震识别是火山岩勘探中的关键。

技术对策：

基于野外地质考察结合井震标定，明确火山岩不同岩相的地震反射特征，总结了爆发相、溢流相、火山通道相、侵出相以及火山沉积相的地震响应特征和识别的模式。基于火山岩岩相地震反射特征研究成果，优选地震属性结合单井岩相划分进行火山岩岩相识别。

4）火山岩复杂岩性地震预测方法

主要解决的问题：火山岩岩性复杂，能否利用地球物理参数有效区分，并结合反演结果对火山岩岩性进行定量分析？

技术对策：

综合 V_p（纵波速度）、V_s（横波速度）、Den（补偿密度）、V_p/V_s（纵波速度与横波速度比）、LR（瑞利波）、Lambda（压缩模量）、MR（磁共振）、μ（剪切模量）、Pois（泊松比）、E（杨氏模量）、K（体积模量）、λ（拉梅系数）、IP（纵波阻抗）、IS（横波阻抗）等14个弹性参数交会分析，优选不同岩性敏感参数，结合叠前反演预测技术进行岩性分布预测。

5）火山岩储层、气层地震识别技术

主要解决的问题：能否利用弹性参数反演结果定量分析火山岩的储层？用何种参数分析储层更加可靠？这一系列问题都是进行火山岩储层预测急待解决的理论基础。

技术对策：

（1）岩石物理分析。在岩性分组基础上，综合 V_p（纵波速度）、V_s（横波速度）、Den（补偿密度）、V_p/V_s（纵波速度与横波速度比）、LR（瑞利波）、Lambda（压缩模量）、MR（磁共振）、μ（剪切模量）、Pois（泊松比）、E（杨氏模量）、K（体积模量）、λ（拉梅系数）、IP（纵波阻抗）、IS（横波阻抗）等14个弹性参数，进行储层的识别和流体的判别。

在火山岩岩性分组基础上，进行不同岩性组储层敏感参数的优选，研究发现不同火山岩组的有利储层都具有低密度、低纵波速度的特征。其中，玄武岩储层密度低于 $2.74g/cm^3$、纵波速度小于 $5300m/s$；安山岩组储层密度低于 $2.53g/cm^3$、纵波速度小于 $5700m/s$；流纹岩组储层密度低于 $2.55g/cm^3$、纵波速度小于 $5800m/s$。

对于火山岩含气性识别，针对流纹岩组建立了纵横波速度比与纵波阻抗交会识别图版。

（2）叠前弹性参数反演。利用火山岩储层叠前地震预测方法预测火山岩岩性、储层、气层。叠前地震预测方法基于叠前地震资料，根据测井的V_p、V_s、Rhob（岩性密度测井）等测井数据和构造框架模型建立的初始低频模型，使用地震的偏移距道集–超道集–角道集数据，最终获得纵波阻抗、横波阻抗、密度以及各种反映岩性和流体的岩石物理参数，包括：纵波阻抗（Z_p）、横波阻抗（Z_s）、密度、V_p/V_s、V_pV_s等。

3. 火山岩岩性、岩相、储层、流体测井识别技术系列

1）火山岩岩性测井识别技术

主要针对火山岩矿物成分和结构复杂多变，测井响应也具有复杂性和多解性的问题，解决岩性识别难的问题。

技术对策：

将火山岩常规测井岩性识别方法、ECS（地层元素测井）测井岩性识别方法、火山岩结构识别方法编译成解释程序，实现火山岩岩性的测井自动识别，提高解释效率，结合成像测井图像模式，综合判别岩性，形成了"成分+结构"的岩性识别方法。

2）火山岩岩相测井识别技术

主要用于火山岩岩相研究，对于恢复古火山机构，揭示火山岩时空展布规律和不同岩性组合之间的成因联系具有重要意义。由于岩相与储层的发育情况具有相关性，识别火山岩岩相对于储层分布的研究具有指导意义。

技术对策：

岩性、结构构造是火山岩岩相的重要相标志，识别岩相的关键是识别相标志。通过提取相标志的测井特征，建立火山岩测井相模式图版库查询系统。根据岩性识别结果、地质认识及测井相模式，实现火山岩岩相和亚相的划分。

3）火山岩储层流体识别技术

主要解决的问题：火山岩矿物成分多样，孔隙结构复杂，蚀变作用及导电矿物对电阻率影响较大，低孔、低渗的储层特点导致岩性对测井响应的影响超过流体的影响，这些因素导致火山岩储层流体识别难度较大。

技术对策：

研制横纵波时差比、三孔隙度组合、双密度重叠、核磁–密度组合相结合的方法识别含气储层，通过孔喉半径比对，电阻率校正的方法识别气水同层，形成了"宏观+微观"的流体识别技术。

$$综合指数\ ZHCS = A_1 \times VHZB + A_2 \times VKXD + A_3 \times VHC$$

式中，VHZB为横纵波时差比值识别法归一化后交会值；VKXD为三孔隙度法归一化后交会值；VHC为核磁共振法归一化后交会值；A_1、A_2、A_3为系数。

4）火山岩储层参数测井定量评价技术

主要解决的问题：火山岩骨架变化范围较大，孔隙度和渗透率相关性差。同时，由于岩性对测井响应的影响超过了流体的影响，很难建立适合的含气饱和度测井解释模型。

技术对策：

（1）有效孔隙度计算模型。针对火山岩骨架变化大的特点，研制了变骨架密度的孔隙度解释模型。

（2）渗透率计算模型。采用层流指数（FZI），对具有相似孔渗规律的储层进行归类，分类建立渗透率解释模型。

（3）饱和度计算模型。在火山岩储层孔隙类型、特征及岩电实验资料研究基础之上，通过对 Maxwell 导电模型分析推导，建立了基于导电孔隙的含气饱和度模型。

4. 火山岩岩性、储层的实验室微观分析技术系列

1）火山岩岩性分析配套方法

主要解决的问题：火山岩岩石学特征的研究，并非对每个分析项目进行测试得出数据就解决问题了，不断进一步扩大其应用范围，不断提高数据的解释能力是关键，开展实验数据对比解释，才能形成配套的火山岩鉴定系列技术。

技术对策：

针对松辽盆地深层火山岩进行了多项配套分析，对实验数据进行对比解释，形成了配套的火山岩鉴定系列技术，并将配套技术及时应用于新钻探井跟踪分析和老井复查的研究工作中。

2）火山岩全直径孔隙度分析技术

主要解决的问题：火山岩储层孔洞和裂缝发育，裂缝成因复杂、类型多，常规小直径岩心难以测得准确的孔渗数据，影响天然气储层评价和储量计算。

技术对策：

基于全直径岩心，利用高真空高压饱和法、气体法等方法开展孔隙度分析技术、渗透率分析技术、渗透率量值溯源技术研究。

3）火山岩孔隙结构三维可视化重建技术

主要解决的问题：常规铸体薄片无法精准观察和测量微孔隙及其连通性，尤其是黏土矿物吸附染色剂不易与孔隙区分，从而造成面孔率统计误差。

技术对策：

采用荧光标定–激光激发共聚焦显微镜技术，实现火山岩微孔隙网络结构的三维重建。

5. 二维侵入岩油气系统模拟技术系列

主要解决的问题：弄清岩浆侵入作用对烃源岩的成熟、生烃、排烃的影响机理。

技术对策：

1）火山岩年龄测定

用来确定侵入事件发生的时间。

2）针对烃源岩进行有机地化实验分析，获取关键地化参数

用来确定烃源岩的总有机碳（TOC）、热演化程度（R_o）和氢指数（HI）参数，评估侵入岩热效应与烃源岩成熟度的关系。

3）石油样品有机地球化学测试分析

通过对比侵入岩体储层、深层储层、侵入岩附近储层的生物标志物等参数，来确定岩浆侵入的热效应对生烃所起的作用。

以上三步既为二维含石油系统模拟提供参数，也可以用来验证含油气系统模拟的准确性。

4）二维油气系统模拟

建模工具为 IFP/Beicip-Franlab 的 Temis2D 软件。该模型包括：岩浆侵入体的热效应，解释热成熟、石油生成、运移和聚集。

（1）运用 II 型默认动力学方法建立烃源岩组分模型。

（2）使用 Schmoker 方法，计算岩盖热效应区的烃源岩排烃体积。

二、国内外火山（成）岩油气藏开发技术

（一）火山（成）岩油气藏储层开发难点

（1）火山（成）岩储集层一般以次生孔隙为主，其中又以裂缝和孔洞为主要储集空间，裂缝发育而分布不均匀是火山（成）岩储集层的重要特征。

（2）由于裂缝的分布极不均匀，单井产能的差异远大于沉积岩。高产井的分布与构造位置有一定的关系，但与断裂走向、裂缝性质的关系更为密切。

（3）对于裂缝–孔洞型储层，即使井距很大也可发生井间干扰，而非裂缝–孔洞型储层井间几乎没有干扰或干扰很小。

（4）火山岩储集层的裂缝系统非常复杂，所以一般不采用注水方式进行开发。如果选择注水开发方式，则必须在充分研究裂缝系统（包括裂缝类型、产状、发育程度、分布特征等）的前提下方可进行，否则，将使本已较复杂的油水运动更加复杂。

（5）井网密度是影响合理开采火山岩油气藏的主要因素，因此应注意完善开采井网。

（6）在火山岩油藏开发中期，已经不具备加密井部署条件，而水平井与直井相比具有泄油体积大、产量高、抑制气锥水锥等特点。

（7）加强对火山岩油藏开发综合研究，尤其加深对复杂岩性储层破裂机理的认识，探索复杂岩性微裂缝储层压裂工艺及核心技术。

针对上述困难，近年来国内外已经研发出成形的火山（成）岩储层开发技术系列。

（二）国内外已经成形的火山（成）岩储层开发技术系列

1. 高产能构造裂缝预测技术系列

主要解决的问题：对于构造裂缝来说，构造裂缝多的区域，岩石的储集性能并不见得就一定很好。我们经常用裂缝数量和渗透率来评价裂缝的有效性，但影响裂缝有效性的关键因素在于它的发育部位和应力场性质。

技术对策：

1）测井裂缝分析技术

主要用于识别、分析井筒中的裂缝，根据裂缝尺寸与测井曲线的响应关系建立裂缝分类标准，将裂缝划分为三个类型。

（1）强电阻率对比：大尺寸裂缝，发育于断层区域。

（2）中电阻率对比：中等尺寸裂缝，发育于断层周边。

（3）弱电阻率对比：小型裂缝，微裂缝，远离断层区域。

2）井筒应力系统分析技术

用来识别井筒内部的裂缝里哪些为高产裂缝。

通过应用 FMI（地层微电阻率扫描成像）数据来识别储层中的张性裂缝及其应力的方向。

基于（贯穿储层）密度曲线数据来计算垂向梯度压力（S_v）数值。通过测井综合解释数据，得到孔压（P_p）数值。

应用应力系统经验关系公式（开放体系下的耐压强度与岩石的声波速度之间的关系），估算、预测出储层岩石强度。

通过对比 S_H、S_V 与 S_h 来判断裂缝区的应力性质，处于走滑状态（$S_H>S_V>S_h$）区域的裂缝，其剪切应力超过岩石抗拉强度为张性裂缝，而张性裂缝区域与油气高产区相对应。

3）井筒应力分析技术

使用井筒压力模型，评估前两类裂缝与临界应力的逼近值，通过计算剪切应力和正常应力的比率，预测每一种裂缝表面的走滑趋势。基于室内的摩擦实验，系统研究储集岩的裂缝压力状态，提出裂缝的滑动摩擦系数临界值为0.6，达到0.6由应力引起的走滑运动概率开始减小、产生张性裂缝的可能性增加。大于0.6，为高产能张性裂缝。

4）断裂系统应力分析技术

主要用来确定储层中各种裂缝的应力性质，预测储层的哪个区域存在与高产相对应的裂缝。采用以下两种技术方法：

（1）高精度三维断层解释。

（2）断裂应力系统建模。

2. 深层火山（成）岩储层压裂核心技术系列

　　1）火山岩储层压裂风险预测技术

　　风险预测的基本思路：在建立火山岩破裂与延伸预测模型的基础上，分析导致风险的因素，针对风险因素优化、调整施工参数，采取主动措施避免产生风险。压裂施工过程中的易出风险的环节主要有施工规模、施工排量、输砂程序方式、最高砂比等，通过采用压裂风险预测技术，可以在施工前给出施工规模、施工排量的范围、输砂程序方式、最高砂比和裂缝剖面的变化情况等方面的预测数据，降低施工风险。

　　2）火山岩裂缝性储层测试压裂现场快速解释技术

　　测试压裂指在主压裂施工前向地层中注入一定量的压裂液，使地层产生小规模裂缝，同时记录压力、排量、时间等数据，通过对压力、排量资料分析解释可以提供地层实际的闭合压力、滤失系数、微裂缝数量等关键参数，为完善主压裂设计提供依据。

　　现有的沉积岩储层测试压裂模拟与解释技术都是以常规砂岩压裂破裂与延伸模型为基础，对火山岩只能解释出恒定滤失系数，而该滤失系数无法解释火山岩裂缝性储层滤失裂缝数量与时间的变化关系。同时，由于多裂缝竞争的影响，现有模型也无法解释缝宽度与时间的变化关系，更难确定以上因素的协同作用所造成的流体滤失与时间的变化关系。为此，根据以往施工井层的井底压力曲线，按各种岩性进行测试压裂模型的"个性化"完善，并针对火山岩裂缝型储层测试压裂曲线变化复杂、解释工作量大、时间长、不能满足测试压裂当天进行主压裂的实际，根据深层火山岩压裂时裂缝启裂与延伸模型的特点，将火山岩裂缝型储层测试压裂曲线按特征细分为9级，并按照9个级别建立快速解释图版，可保证在3小时内完成现场解释，满足压裂施工的需要。

　　3）火山岩储层水力压裂裂缝延伸控制技术

　　为了保证加砂压裂施工的顺利完成，必须形成一条有足够宽度与长度的主裂缝，才能大幅度提高产能。但是在火山岩中存在着大量的微裂缝，如不加以控制，会造成多条裂缝同时开启，无法形成一条主裂缝，必须控制裂缝的延伸才能形成主裂缝。针对"千层饼"型的地层，必须采取措施保证只开启3条以内的主裂缝，并使其正常延伸；针对"仙人掌"型的地层，在尽量减少"小掌"数量的同时，控制压裂液的漏失是关键，防止因"小掌"过液不过砂导致裂缝内局部砂浓度过高而造成砂桥使施工失败。

3. 水平井优化设计技术

　　在火山岩气藏开发中期，已经不具备加密井部署条件，而水平井与直井相比具有泄油体积大、产量高、可抑制气锥水锥等特点。

　　设计思路如下：

　　1）布井区带筛选

　　对比分析区块内各火山岩机构规模和展布特征、构造特征、储层发育特征、气水分布特征、井控程度及直井试气试采等动态特征，筛选出有利布井区带。

2）水平井设计参数优化论证

（1）水平井目的层确定。依据区块地层层组划分成果和各层组的动态特征，优选区块主力产气层作为水平井的目的层。

（2）水平井延伸方向确定。为了确保水平段沿火山岩主力产层段延伸，钻遇较多的天然有效孔隙发育带，获得较高的自然产能和较好的压裂改造效果。

（3）水平段长度优化。以布井区带火山机构展布特征、火山口位置、构造特征、储层有效厚度分布特征、裂缝发育特征、气水分布特征和井控程度等质地动态特征为主，考虑现有钻井和压裂等工艺技术水平，结合理论计算和国内外油气田水平井开发经验，综合优化水平段长度。

（4）水平段位置确定。主要依据布井区带内储层的油水、气水分布特征确定水平层段位置。

3）井位初选

以区块地质动态认识为基础，结合水平井设计参数优化论证成果，在布井区带内，优选火山机构、构造和储层等有利位置，初步确定水平井井位。

4）水平井轨迹优化

通过开展火山岩储层地震响应和三维地质建模等综合研究，结合区块火山机构展布特征及地质动态认识，对初步确定的水平井轨迹进行优化。

4. 火山岩油气藏水平井随钻地质导向技术

水平井随钻地质导向依据随钻实时获取的随钻综合录井（岩屑、气测）、随钻测井（伽马、电阻率、密度、中子孔隙度等）和钻井运行参数（钻压、钻速、钻井液黏度和体积的变化）等数据对地质模型进行实时修正，并利用修正后的地质模型为钻井提供实时导向。

1）远程实时地质导向系统构建

通过将随钻电测系统、综合录井系统与便携式计算机工作站连接构建井场局域网络；通过随钻测井和多种系列综合录井数据实时录取、解释、对比软件，实现井场数据的实时录取、解释和对比；借助卫星通信（或 CDMA/GPRS）实现油田广域网络与井场局域网有效对接构建远程传输网络；通过软件实现井场 LWD 和综合录井数据的实时采集、远程传输和后方实时监控，远程地质导向人员可以通过 Web 终端实时掌握钻井动态，实时为钻井现场提供地质导向。

2）远程地质导向系统获取的数据种类及用途

a. 随钻测井与钻后电缆测井
水平井测井主要包括两大类：一是随钻测井，二是钻后电缆测井。

随钻测井与钻后测井在测量深度上往往存在一定的差异。前者仪器设备安装在钻杆内部，随着钻杆转动和上下移动对井眼周围地层进行探测，因钻杆的刚性和韧性较强，拉伸量较小，而且钻杆所处的位置一般都接近井眼中心，因此钻杆的测量深度较小。后者仪器依靠钢丝缆绳垂悬下井，钢丝缆绳拉伸量相对较大。随钻测井与钻后测井测量的岩石物理属性参数往往存在一定的差异。前者通过钻井液将探测信号传输到地面，受环境影响很大，测量数据往往存在较大波动，但总体趋势与后者保持一致；此外，因采样密度较后者大很多，对钻遇目的层段岩性的变化刻画较为精细。后者通过电缆将探测信号传输到地面，受环境影响较小，测量数据精度较高，但因采样密度较前者小很多，因此，测井曲线相对比较平滑，对目的层段岩性的变化刻画不够灵敏。

（1）钻速：记录钻井过程中钻井的速度，可判断岩石硬度，对岩石物性的了解有一定帮助，但由于受到外加因素的干扰，不能作为绝对判断条件。

（2）伽马曲线：应用伽马射线探测器测量岩石的总自然伽马射线强度，可根据曲线值来判断岩性，是水平井钻遇火山岩的重要依据。

（3）电阻率曲线：与伽马曲线同时使用，作为判断岩性和储层的依据。

（4）密度曲线：测量井壁岩石密度曲线，是判断储层的重要参数，根据密度曲线可以判断是否进入目的层。

（5）中子曲线：与密度曲线综合判断储层。

（6）井径曲线：评价井轨迹质量。

b. 综合录井

（1）岩屑是识别岩性、判断钻遇地质层位的最有利证据之一，但录井岩屑颗粒较小、组分复杂，常常会有许多假的成分（俗称假岩屑）掺杂其中，给岩性鉴别和层位判断造成干扰。岩性鉴别的方式有：目测法、体验法、镜下观察法、间接法（气测、测井）和综合法。

（2）气测数据。气测数据是通过录井钻头位置岩石含气性的检测获得的，可直接判断地层的含气性，准确性很高，是十分重要的第一手资料。通常，利用气测数据判断气层含气性主要参考两项指标：一是参考气测全烃含量随深度变化曲线；二是参考层段内气测全烃最大值、最小值、均值和基值的统计值。实践证明：应用气测数据判断储层含气性，应依据钻井液性质和综合录井的实际情况而采用不同的判别标准。例如，油基泥浆与水基泥浆相比，对岩层含气性的判别敏感性相对较差，因此，对于同一气层而言，采用油基泥浆测得的全烃百分含量比水基泥浆测得的全烃含量相对低一些。

第三节　国外火山（成）岩油气藏典型实例

一、贾蒂巴朗油田

贾蒂巴朗油田位于印度尼西亚爪哇盆地西北部陆上，1969 年被发现，投产于 1970 年，油田包括数个油气藏，位于一个规模较大的断块中，油气聚集在火山岩裂缝中。

储层为凝灰岩风化壳。裂缝发育是油气高产的主要因素，凝灰岩由于裂缝发育，孔隙度达9%，渗透率达25%。原油密度为30API。截止到2012年，油田已生产油1.767×10^8t，产气760×10^8m^3。

二、Scott Reef 油气田

Scott Reef 油气田于1971年被发现，气田位于布劳斯盆地内的 Brecknock-Scott Reef 背斜带，该背斜带位于 Caswell 凹陷与 Barcoo 凹陷的接合部，圈闭内背斜被断层断开，是典型的不整合面与断层共同封堵的油气藏。储层物性受到成岩后作用的改造，由于 Scott Reef 构造带内的烃源岩尚未成熟，Scott Reef 气田的天然气来自其他层系。Scott Reef 油气田探明储量为：石油1795×10^4t、天然气3877×10^8m^3。天然气日产量峰值为17.8×10^4m^3。

三、越南白虎油田

白虎油田位于越南东南九龙盆地中央隆起带，岩性为基岩，长约30km，宽6～8km。其形成主要受到北东向构造运动的控制与抬升，受到风化、淋滤作用，之后逐渐下沉，在渐新世末期受到东西向构造运动的影响，发育大量断层和裂缝。白虎油田基岩储层以花岗岩和花岗闪长岩为主。该油藏的储集空间为孔隙和裂缝。孔隙包括原生孔隙和次生孔隙，原生孔隙的孔隙度小于0.5%，为无效孔隙，次生孔隙的孔隙度为1%～2%；中大型裂缝宽度在100～500μm，渗透率可超过20mD[①]；微裂缝构成的裂缝系统孔隙度为2%～10%，裂缝宽度为1～10μm，渗透率在5～7mD。其石油探明储量为1.9×10^8t。

四、Suban 气田

Suban 气田发现于1998年，投产于2003年，地质储量超过1700×10^8m^3，储层岩性主要为基底的花岗岩，分析测试显示，该储层内部发育大量的相互连通的裂缝，为裂缝型的油气藏，孔隙度为8%～14%，渗透率为0～8mD。储层厚度约为1800m。

五、Medanito-25 de Mayo 油田

Medanito-25 de Mayo 油气田位于阿根廷内务肯盆地，油气都产自中下侏罗统的 Precuyano 组，储层岩性为凝灰岩、熔结凝灰岩、流纹岩。最高日产油1939t、产气48.8×10^4m^3。目前该油田可采储量约为7000×10^4t，1962～2001年的累计产油5600×10^4t。

---

① 1D≈0.987×10^{-12}m^2。

六、穆拉德汉雷油田

穆拉德汉雷位于库拉盆地东部。它是 20 世纪 70 年代初期火山岩油气勘探的一个重大发现。石油主要产于潜山顶部的火山岩储层（粗面玄武岩及安山岩）。

晚白垩世初期，穆拉德汉雷地区火山喷发形成了粗面玄武岩及安山岩，最大厚度1950m。喷发岩（安山岩、玄武岩、玢岩）是油田的主要储集层。钻井资料表明，喷发岩的上部发育大裂缝及微裂缝系统，油田的产能取决于裂缝的发育程度。储层孔隙度为 0.6% ~ 20%，平均 13%，微裂缝孔隙占总体积的 0.44%，单井日最高产量为 400t。

七、萨姆戈里油田

萨姆戈里油田位于格鲁吉亚格罗兹内地区。1974 年打出第一口工业油流井，日产油 123t。油田位于鞍形构造中，形成两个隆起，南翼陡，而北翼缓。两个隆起同属一个水动力系统。隆起幅度由西往东增加。产层埋深厚度为 2500 ~ 2750m，总厚度为700m，油层厚度为 350 ~ 530m。

储层岩性主要为凝灰岩、火山碎屑岩。储集空间是裂缝-孔洞型的。裂缝发育主要方向是垂直的。

八、吉井–东柏崎气田

吉井–东柏崎位于日本柏崎市东北 10km，位于新潟盆地西山–中央油气区，是一狭长形的背斜构造。其西北高点为日本帝国石油公司的东柏崎气田，东南高点为日本石油资源开发公司的吉井气田。背斜长 16km，宽 3km，含气面积 27.8km^2，可采储量1500×10^{8}m^3。储层为新近系绿色凝灰岩（绿色凝灰岩为一套火山岩层系，由于成岩后期受到了绿泥石化的影响，被国外学者称为绿色凝灰岩，岩性上并不全是凝灰岩，还包括流纹岩、英安岩、玄武岩、安山岩）。为国外日产量最高的火山岩气田，最高日产量为 50×10^{4}m^3。

吉井–东柏崎气田共钻井 46 口，井深 2310 ~ 2720m。火山岩储层有效厚度 5 ~ 57m，孔隙度 7% ~ 32%，渗透率 5 ~ 150mD。绿色凝灰岩气层的产能高低主要与次生孔隙及裂缝的发育密切相关。裂缝不发育的凝灰岩，孔隙度、渗透率差，产能低。整个气藏的形态呈不规则状、储层均质性差。

九、南长冈气田

南长冈气田发现于 1978 年，为日本埋藏最深的火山岩气田（3800 ~ 5000m），储集层主要为海底火山喷发而形成的火山岩，岩性以凝灰岩为主，实测气层厚 800m 以上，是日本目前为止发现的最大气田。

南长冈气田于 1984 年投产。开发初期，日产气 $100 \times 10^4 \mathrm{m}$，1994 年以后，随着压裂技术的成功应用，气田北部火山岩致密储层得以成功开发，气田开发规模逐步扩大，2005 年日产气 $320 \times 10^4 \mathrm{m}^3$，截至 2006 年上半年底，共钻井 31 口，其中生产井 19 口，日产规模 $150 \times 10^4 \sim 320 \times 10^4 \mathrm{m}^3$，累计产气 $91.87 \times 10^8 \mathrm{m}^3$。

第二章 国外火山（成）岩油气藏简介

火山（成）岩油气藏作为油气勘探的新领域，已引起广大石油工作者的关注。据统计，在沉积盆地中，火山（成）岩可占到充填体积的1/4，一旦具备成藏条件，即可形成大型、超大型油气田。

Schutter（2003）综合分析全球范围内100多个国家已发现和开采的火山（成）岩油气藏后认为，火山（成）岩中可以蕴含具有重要商业价值的油气资源。火山（成）岩及相关岩石中的烃既可能是有机形成的，也可能是无机形成的。火山（成）岩可以具备较好的储集性能，并可形成其特有的圈闭结构（图2-1）。

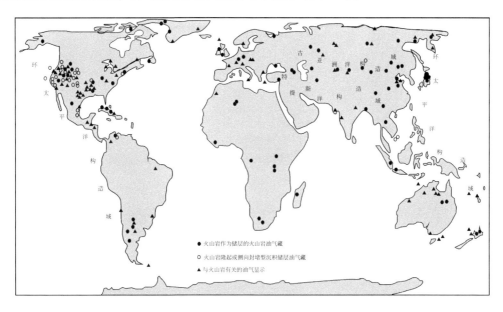

图2-1 全球与火山岩相关油气藏构造域分布图（据 Schutter，2003 修改）

史料记载最早的火山岩油气藏为发现于1883年的西山油田，该油田位于日本新潟盆地，因油苗渗出地表而被发现，储层岩性为凝灰岩，垂直深度小于1000m。早期开采成功的火山（成）岩油气藏为1915年美国得克萨斯州投产的一个油田，该油田位于海底火山喷发形成的火山岩趋势带上。这个趋势带上发育有200多个火成岩体，从中开发出了90个储层为火山岩的油田，累计产原油800×10⁴t。

从此之后，火山（成）岩油气藏已在世界20多个国家200多个盆地或区块中被发现。美国、墨西哥、古巴、委内瑞拉、阿根廷、俄罗斯、日本、印度尼西亚、越南等国家陆续勘探开发了多个大型火山（成）岩油气田，其中较为著名的是格鲁吉亚的萨姆戈里油田、阿塞拜疆的穆拉德汉雷油田、印度尼西亚的贾蒂巴朗油气田、日本的吉井-东柏崎油气田、越南南部浅海区的白虎油田等。

截至 1996 年，贾蒂巴朗油气田原油累计产量达 1.767×10^8 t，天然气累计产量达 760×10^8 m³。据推测，该油田探明石油储量 5.91×10^8 t，天然气储量 850×10^8 m³。该油田储层的孔隙度为 9%～25%，渗透率达到 10mD，是迄今为止发现的最大的火山岩油气藏。

一个多世纪的勘探开发实践证明，火山（成）岩油气资源是接替常规油气资源的一种选择。尤其是在目前，我国面临严峻的能源安全局面，原油对外依存度超过了 70%，急需新兴能源接替常规油气资源，缓解能源压力，保障能源安全。

目前，火山（成）岩油气藏勘探、研究程度总体较低，虽然发现了众多油气藏，但多为偶然发现或局部勘探，尚未作为主要领域进行全面勘探和深入研究。全球火山岩油气藏储量仅占总油气储量的 1% 左右，未能形成持续储量增长趋势，火山岩油气藏研究还处于起步阶段（邹才能等，2008），火山（成）岩油气藏的勘探潜力及分布规律还没有被很好地认识到。因此，通过分析国外火山（成）岩油气藏典型实例，总结国外火山（成）岩油气藏的形成条件、成储与成藏机理，完善火山（成）岩油气藏地质理论，对我国火山（成）岩油气勘探事业的推进有现实意义。

第一节　国外典型火山（成）岩油气藏

本书中的典型火山（成）岩油气藏实例的筛选以油气储量的大小为标准，通过选取国外储量排名靠前的火山（成）岩油气藏（前 14 名）作为研究对象，从其盆地形成背景入手，阐述盆地演化、发育与充填特征，总结火山（成）岩油气藏形成的地质背景，通过对火山（成）岩成储、成藏条件综合分析，详述火山（成）岩的控储、控藏机理。

通过查阅、梳理数据库 GeoScienceWorld（GSW）与 ScienceDirect（Elsevier 电子期刊全文）的相关文献，统计出了国外储量排名前 14 的火山（成）岩油气藏（图 2-2）：①贾蒂巴朗油气田（印度尼西亚），石油储量为 5.91×10^8 t、天然气储量为 850×10^8 m³；②Scott Reef 油气田（澳大利亚），石油储量为 1795×10^4 t、天然气储量为 3877×10^8 m³；③白虎油田（越南），石油储量为 1.9×10^8 t；④Suban 气田（印度尼西亚），天然气储量为 1698×10^8 m³；⑤Kudu 气田（纳米比亚），天然气储量为 849×10^8 m³；⑥Medanito-25 de Mayo 油气田（阿根廷），石油储量为 6510×10^4 t；⑦Urucu 油气田（巴西），石油储量为 1567×10^4 t、天然气储量为 330×10^8 m³；⑧Richland 气田（美国），天然气储量为 399×10^8 m³；⑨Ben Khalala-Haoud Berkaoui 油田（阿尔及利亚），石油储量超过 3400×10^4 t；⑩雅拉克金油田（俄罗斯），石油储量为 2877×10^4 t；⑪穆拉德汉雷油田，石油储量 2800×10^4 t；⑫萨姆戈里油田（格鲁吉亚），石油储量超过 2260×10^4 t；⑬Ragusa 油田（意大利），石油储量为 2192×10^4 t；⑭吉井-东柏崎气田（日本），天然气储量为 150×10^8 m³。

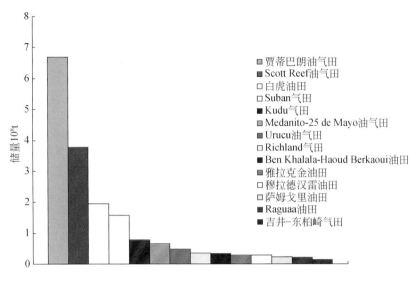

图 2-2　国外典型火山（成）岩油气藏储量排名

（储量换算为油当量）

第二节　盆地及其火山（成）岩油气藏实例解析

一、印度尼西亚爪哇盆地贾蒂巴朗油气田

（一）盆 地 简 介

爪哇盆地划分为两个次盆地，即西部的海上 Ardjuna 盆地、东部的陆上贾蒂巴朗盆地，均为半地堑式的沉积中心，盆地东部沉积了自后裂谷时期以来产生自爪哇腹地的碎屑岩，而西部的海上区域仍然以碳酸盐岩沉积为主。

爪哇盆地的形成与印度–澳大利亚板块向亚欧大陆板块俯冲活动有关，为弧后裂谷盆地，其盆地的构造演化经历了前裂谷期、裂谷期和后裂谷期。其中裂谷早期（晚始新世—早渐新世）发育凝灰岩和少量湖相页岩，即贾蒂巴朗组。凝灰岩为贾蒂巴朗油气田（图 2-3，图 2-4）的储层，主力烃源岩为三角洲沉积形成的 Talang Akar 组泥岩。

（二）油 　气 　田

贾蒂巴朗油气田发现于 1969 年，投产于 1970 年，位于印度尼西亚爪哇盆地西北（图 2-3），该油田包括数个油气藏，都位于一个规模较大的断块中，油气聚集于始新统—渐新统的褶皱构造和裂缝中。储层分为上下两个油组，岩性为遭受过风化淋滤作用的凝灰岩。上下油组之间发育有高度风化的玄武质、安山质熔岩夹层。裂缝是油气高产的

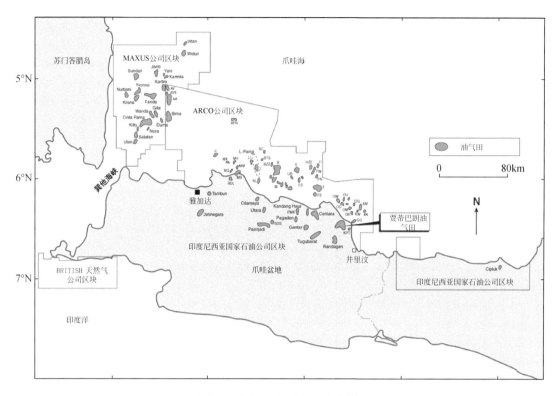

图 2-3 贾蒂巴朗油气田方位图

主要因素，油田高产区多出现在褶皱顶部的裂缝密集发育区。裂缝在凝灰岩中比同深度的泥岩更为发育，孔隙度达 9%。由于裂缝发育，凝灰岩储层局部具有高孔渗带，孔隙度和渗透率分别可达 25% 和 10mD，原油密度为 30API。贾蒂巴朗油田于 1970 年投产，初始油日产油 409t，石油产能在 1973 年达到峰值，日产油 5611.7t，之后产量下降，1995 年日产油 412.3t。天然气产能在 1983 年达到峰值，日产气 188.2×10⁴m³。在开发过程中，30% 的开发井由于未钻遇到裂缝而失败。截至 1982 年，油气田累计生产原油 1.767×10⁸t，天然气 760×10⁸m³。

1. 地层和沉积相

贾蒂巴朗油气主要富集于始新统—渐新统贾蒂巴朗组火山岩裂缝中。浅层也有油气发现，包括上新统—更新统 Cisubuh 组的砂岩、上中新统 Parigi 组的石灰岩，以及中–下中新统 Cibulakan 组的礁石灰岩和透镜状浅海相砂岩。贾蒂巴朗组钻遇的最大厚度为 1124m，没有钻达古近系基底。区域地质资料显示，在中生界岩浆岩和深成岩上发育有一套不整合面，分布范围很广。贾蒂巴朗组顶部为角度不整合，其上覆的上渐新统—下中新统 Talang Akar 组，该组中的泥岩为贾蒂巴朗油气田的主力烃源岩（图 2-4）。

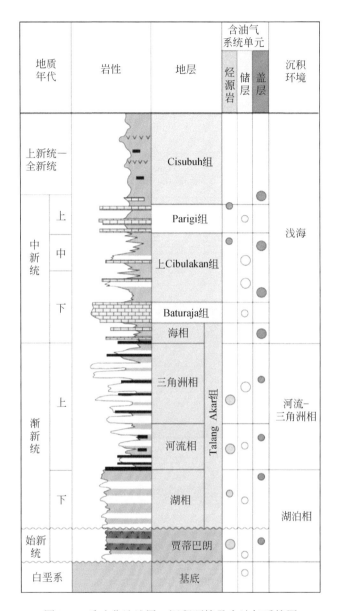

图 2-4　爪哇盆地地层、沉积环境及含油气系统图

　　贾蒂巴朗组底部为安山质熔岩，上部为夹杂黏土、砂岩、砾岩层的英安玄武质熔岩和酸性凝灰岩。油田的主要储层为两套凝灰岩层，只有位于西部断块内的几口井储层为贾蒂巴郎组顶部砂岩。这两套火山岩储层被一套深灰、黑色、玄武/安山质熔岩夹层隔开。该地层中的沉积岩为陆相，受到火山作用的影响，贾蒂巴朗组岩性的垂向和横向岩性变化较大，几百米范围即有不同，井间对比较难，表现为强非均质性。

　　不同岩性所含的不同矿物组分，特别是碱长石和绿泥石含量的差异在测井曲线上有清晰的显示，可用于识别岩性。玄武/安山质熔岩的特征为Ⅰ～Ⅲ类，GR（自然伽马）值低，密度值高，中子和密度曲线之间有负幅度差。白色/浅灰色凝灰岩特征为

Ⅱ、ⅡB和ⅡBX类曲线，高GR值，低密度值（高孔隙度），中子和密度曲线之间有正幅度差（图2-5，图2-6）。Ⅳ～Ⅶ类岩石在测井曲线上具有最明显的特征，但开采潜力较小。

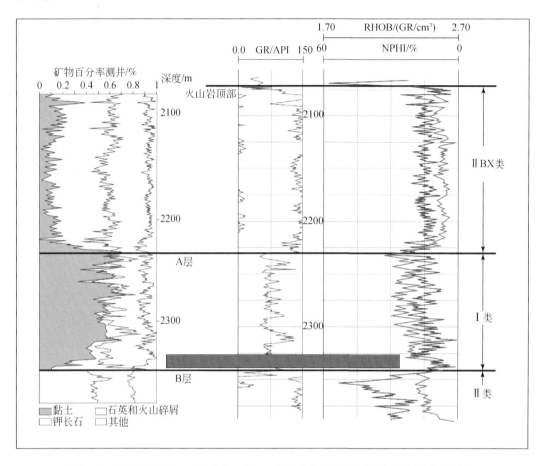

图2-5　贾蒂巴朗组JTB-88井Ⅰ、ⅡBX和Ⅱ类电缆测井特征和矿物百分率测井
RHOB＝岩性密度；NPHI＝中子孔隙度

2. 储层结构

　　贾蒂巴朗组垂向和横向岩性变化大（部分是因为顶部遭受了侵蚀），产层均厚130m。地层内相对致密的玄武/安山质层为重要的隔层。油田各个区域的产能不均衡，产能与裂缝的数量、性质密切相关。E断层附近和西部断块顶部南北向裂缝发育区产量最高，储层由隔层分为A层和B层，其褶皱密集，大小裂缝都很发育（图2-7）。西部断块产量来源于两个凝灰岩层，中部断块产量主要来源于下部凝灰岩层。油田北部DE断层两侧（西部和中部断块之间）尽管发育很厚的火山岩层，但其断层周围都不发育张性裂缝，产能很低。东部断块也不发育褶皱和断裂（图2-7），基本没有产能。

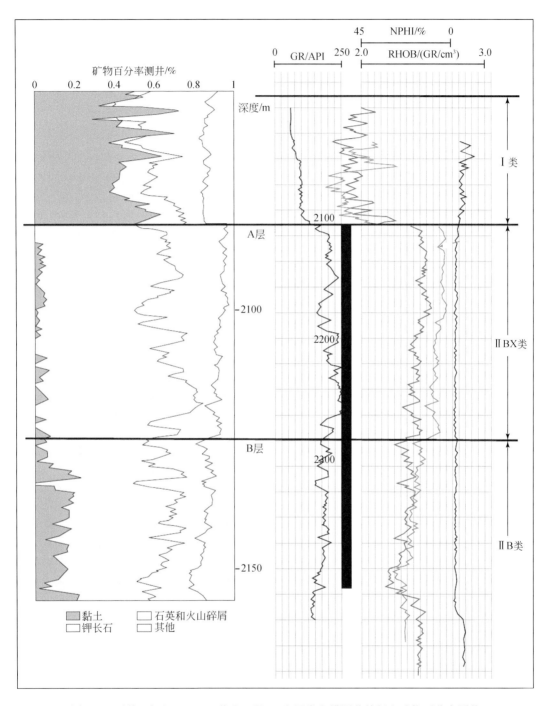

图 2-6　贾蒂巴朗组 JTB-113 井 Ⅰ、ⅡBX 和 Ⅱ 类电缆测井特征和矿物百分率测井

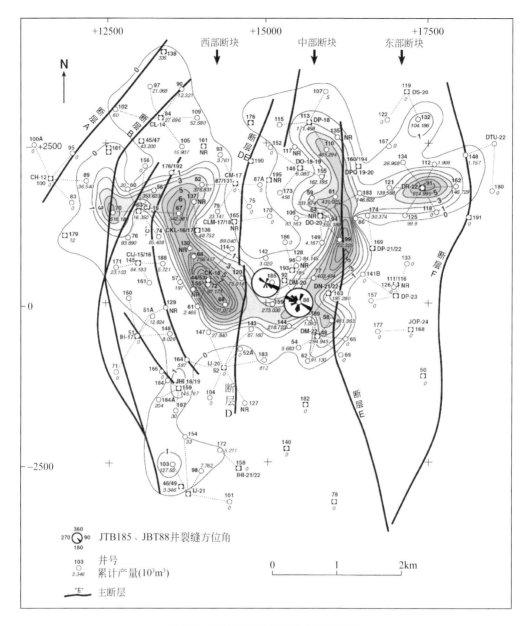

图 2-7　贾蒂巴朗油田累计产量分布图

　　成岩作用和喷发后的冷却过程可能形成一些裂缝，但多数次生裂缝形成于上渐新统贾蒂巴朗组所经历的挤压和断裂活动期间。油田顶部储层裂缝为北西−南东走向（图 2-7）。东部断块北部的高产区发育一组东西向裂缝，这些裂缝的形成可能与中生代盆地区域沉降相对应。此外，部分地区的裂缝可能是在上新世—更新世断层活动期间继承发育的。

（三）储 层 物 性

贾蒂巴朗组火山岩主要为凝灰岩，包含40%～70%的碱性长石和10%～30%的石英（图2-6，图2-7）。玄武/安山质熔岩主要矿物为斜长石和铁镁矿物。两种类型的岩石都发育有次生矿物，如方解石和绿泥石，发育不同程度的裂缝（表2-1），偶见发育粒间孔隙的集块岩和角砾岩夹层，且含有酸性和镁铁质组分，在部分地区与泥岩互层。

表 2-1　贾蒂巴朗油田主要火山岩储层的岩石类型和岩石物理性质

储层	酸性凝灰岩			玄武/安山质熔岩	
测井类型	II	II B	III BX	I	III
岩石类型	碱性长石、少量石英	碱性长石（50%～60%）、少量石英（10%～20%）	碱性长石（40%～70%）、少量石英（10%～30%）	斜长石、绿泥石、绢云母、沸石、粗面岩	
构造	细粒基质，含斑晶	富长石斑晶	细粒基质，含斑晶	粒状至斑状，气孔	
裂缝	有	无	有，主要被石英和绿泥石封闭	普遍被绿泥石和方解石封闭	
裂缝孔隙	多	无	少		
基质孔隙		晶间和晶内微孔隙			低
次生作用	有次生孔隙	无次生孔隙	有次生孔隙	风化产生黏土矿物，堵塞孔隙	
试油产量	高		高	低	低
累计产量	高	低	高	低	低
中子/密度	正	正	正	负	负
分选	非常显著	无	非常显著		
密度	2.2～2.3g/cm³		2.4～2.5g/cm³	高	高
测井孔隙度	约20%	最大15%	平均8%	约9%	约9%
油藏品质	好	边际	好	差	很差

酸性凝灰岩颜色较浅，岩石形成初期塑性强，受到压实作用的影响向脆性转化，在渐新世时期，贾蒂巴朗组出露地表受到风化、绿泥石化、脱玻化和氧化作用而导致铁镁矿物（如橄榄岩和黑云母）含量减少。碱性长石斑晶部分发生蚀变，发育有晶内微孔隙。细粒基质也含有晶间微孔隙和粒间孔，基质中淋滤溶蚀孔隙较多，可形成连通的孔隙体系。

贾蒂巴朗油田的玄武/安山质熔岩为深灰色–黑色，含斜长石斑晶和粗面、斑状构造，局部有孔洞和气孔，被后期热液活动形成的沸石充填。熔岩经过严重风化作用，孔隙中主要填充了绿色和红色黏土，如绿泥石和绢云母，黏土阻断了部分相互连通的裂缝。熔岩的孔隙度可达9%，但多为不连通气孔，所以不是有效孔隙。

有效孔隙主要存在于裂缝中，油气大多产于裂缝式储层。在油气田开采的过程中，发现压实程度较高的凝灰岩中发育的裂缝比受到风化作用的熔岩中的裂缝还要多，张开的程度更大。贾蒂巴朗组 JTB-113 井岩心可见微观和宏观裂缝，局部充填次生矿物，如绿泥石、绢云母、石英和方解石等。在 JTB-149 和 JTB-182 井中，裂缝不发育的凝灰岩孔隙度为 2%，JTB-182 井中裂缝发育层段的平均孔隙度为 19%。因此，经测井分出的 ⅡBX 型、ⅡB 型和 Ⅱ 型的凝灰岩平均测井孔隙度分别为 8%、15% 和 20%，可能受到了裂缝发育程度的影响。贾蒂巴朗组区域储层的孔隙度和渗透率分别为 16% ~ 25%，10mD。

Ⅱ类和 ⅡBX 类型的凝灰质储层是油田中产量最高的储层，ⅡB 类为产能较差储层。Ⅱ类储层可能发育有微孔隙和次生裂缝，导致孔隙相互连通。ⅡBX 类凝灰岩呈脆性，容易断裂。ⅡB 类孔虽然多，但连通率不理想。

二、澳大利亚布劳斯盆地 Scott Reef 油气田

布劳斯盆地位于澳大利亚西北大陆架中部，北邻波拿巴特盆地的阿什莫尔台地和武尔坎次盆地，西南邻柔布克盆地，面积约 $21.3 \times 10^4 km^2$，海水深度为 20 ~ 4000m（图 2-8）。该盆地主要沉积中生界沉积物，最大沉积厚度约 12km。

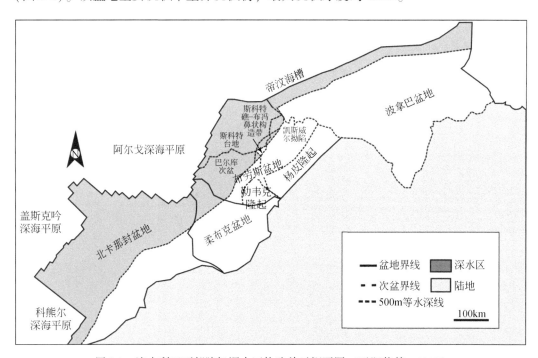

图 2-8　澳大利亚西部陆架深水区构造单元概要图（冯阳伟等，2012）

布劳斯盆地是澳大利亚西北陆架主要含油气盆地之一，是一个发育于晚古生代至新生代的巨型沉积盆地，盆地走向与现代海岸线大致平行，呈北东向展布。盆地主要包括凯斯威尔（Caswell）拗陷、巴尔库（Barcoo）拗陷、斯瑞格伯泰姆（Seringapatam）次盆、杨皮（Yampi）隆起、勒韦克（Leveque）隆起和斯科特（Scott）隆起

6 个构造单元。Caswell 拗陷是盆地的沉降中心和主要生烃中心，石油勘探活动主要集中在该构造单元。

自 1971 年发现第一个气田（Scott Reef）以来，到 2005 年已发现 11 个油气田，石油（包括凝析油）可采储量 4726.5×10^4t，天然气可采储量 7241×10^8m^3，其中天然气可开采储量占 93%。该盆地与北卡那封盆地一样富含天然气，是世界级的含油气盆地之一。

Scott Reef 气田位于布劳斯盆地内的 Scott Reef 背斜带，该背斜带位于 Caswell 拗陷与 Barcoo 拗陷的接合部，圈闭内背斜被断层错开，是典型的不整合面下的背斜与断层共同封堵的油气藏。火山岩储层位于中–下侏罗统 Plover 组（图 2-9）。

布劳斯盆地 Caswell 子盆中火山岩较发育，研究认为火山活动对油气藏的形成有较好的促进作用，该区火山岩地震相特征为：一是具有丘状外形，内部为杂乱反射结构，切断一整套反射层，顶部下塌现象明显；二是具有柱状外形，内部为杂乱反射，切断顶部反射层，边部有牵引现象；三是在火成岩底辟构造顶部地震反射能量强，向两侧延伸范围小，强同相轴突然消失，具有亮点特征，说明火山机构保存完整。在盆地北部中–下侏罗统的火山岩主要分布在侏罗系沉降中心周围，此时沉积中心与沉降中心基本一致，火山活动有助于提高地温梯度，促进拗陷中烃源岩成熟。同时受中–下侏罗统岩浆侵入岩影响，上侏罗统—白垩系基本为继承性沉积，在岩浆底辟的基础上形成了披覆背斜，为油气聚集提供良好的构造条件。分析认为，该区主要存在两种类型的火成岩：喷发岩和侵入岩，喷发岩可作为储层，侵入岩可作为盖层，形成中–下侏罗统特有的储盖组合，钻探已证实该组合为较有效的储盖组合。

三、越南九龙盆地白虎油田

九龙盆地（又名湄公盆地或头顿盆地）为裂谷盆地，位于越南南部大陆架上（图 2-10），面积约为 2.5×10^4km^2。形成于早渐新世，处于盆地发育的裂谷期，晚渐新世至中新世早期，反转运动加剧了花岗岩基底裂缝发育，使其成为优质储层。

（一）盆地构造

盆地东侧以陆架和基底高部位 Peripheral 隆起为界，东南部的分界线为另一基底高部位——昆山隆起，将该盆地与万安盆地隔开，西南部则以呵叻隆起作为该盆地与马来盆地的分界线（图 2-11）。盆地构造位置为活动大陆边缘，基底为陆壳、过渡型地壳，厚 18～26km。盆地形成主要是南海北部地区岩浆活动、地幔上隆、陆缘地壳伸展扩张并减薄等综合作用的结果。构造上经历了中生代中、晚期的陆缘拉张，以及新生代以来的陆缘沉降两个阶段。盆地基底由陆向海逐渐下降，拗陷内沉积厚度逐渐加厚变新，沉积上先后发育了陆相、海陆过渡相以及海相三个沉积旋回。

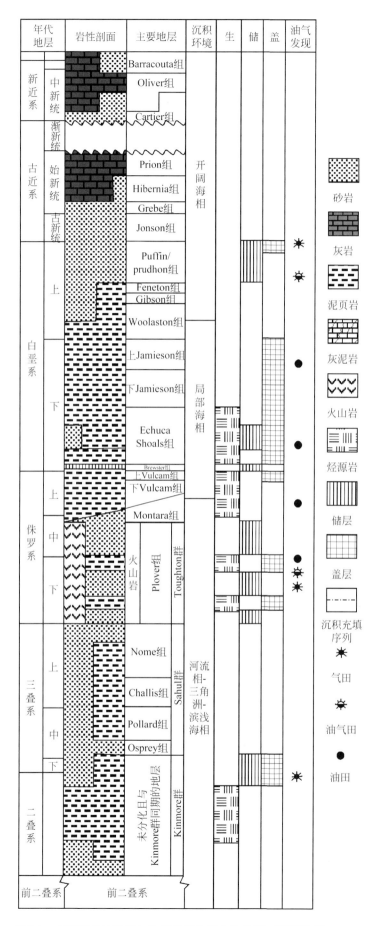

图 2-9　布劳斯盆地地层与生储盖组合综合柱状图（冯阳伟等，2012）

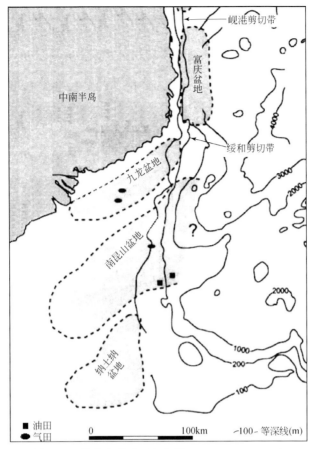

图 2-10　越南白虎油田方位图（Lee et al.，2001）

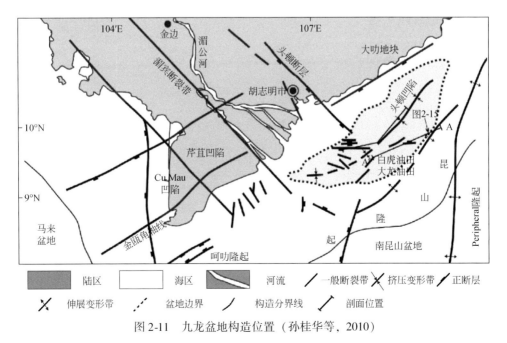

图 2-11　九龙盆地构造位置（孙桂华等，2010）

在晚始新世至渐新世的裂谷阶段，主要发育正断层、倾斜断块、拉张地堑、犁式生长断层等。在早中新世的热沉降阶段，主要构造活动为盆地下沉，在此期间高角度基底正断层再次活动，主要构造为正断层、滚动背斜等。中新世开始了又一次拉张活动，主要表现为张扭剪切，沿湄宾断裂带发生右旋滑动，而沿头顿断裂带则发生左旋滑动，主要构造样式为花状构造、正断层和逆断层等。晚中新世开始受到挤压，在压扭之后发生区域性沉降，但局部有隆起，主要构造样式为褶皱、断层等。经过上述演化形成了盆地现今的构造格架。在九龙盆地的基底中，发育大量断裂构造，从断裂的走向来看，可以分为四组：NE、NEE、NW 和 NWW 向，其中 NE 和 NEE 向的两组断裂主要分布在盆地的东南侧，而 NW 和 NWW 向的两组断裂主要分布在盆地的西北侧。从断裂发育的规模来看，NE 和 NEE 向断裂的规模要明显大于 NW 和 NWW 向断裂。从断裂的性质来看，以正断层为主（图 2-12）。

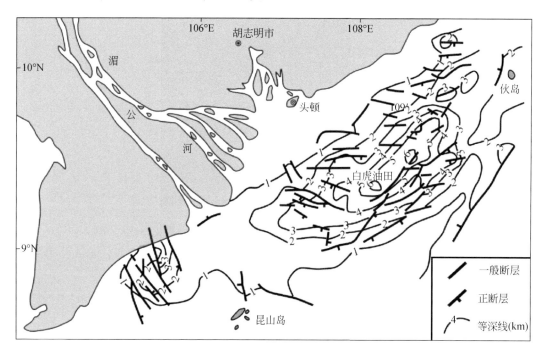

图 2-12　九龙盆地基底构造（孙桂华等，2010）

（二）地　　层

九龙盆地基底由晚中生代的侵入岩、火山岩和变质沉积岩组成。印支运动以后，华南、印支、缅马等地块连成一体，构成东南亚主陆，海水逐渐退却，中侏罗世以后海相地层消失，发育广泛的红色磨拉石，显示陆壳增厚的过程。中生代晚期，在古太平洋板块活动作用下，其东侧自台湾海峡到纳土纳岛东侧一线形成安第斯型陆缘，发育了中侏罗世—白垩纪（178~70Ma）的中酸性火山岩-岩浆岩带。

九龙盆地的基底总体上呈北东-南西向分布，最厚处位于盆地的中央，厚约

8000m，其2000m以上厚度的分布范围与盆地新生代发育的沉积物出露范围比较接近。与东南方向的万安盆地相比，九龙盆地的基底厚度要小，二者之间以昆山隆起相隔（图2-13）。

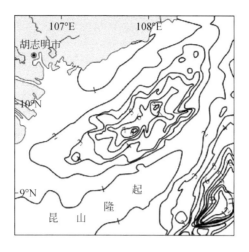

图2-13　九龙盆地基底深度（孙桂华等，2010）

呈北东向延伸的"大叻地块"，按其走向进入海洋。据Areshev等报道，至1992年末，越南已钻井100多口，有半数井钻遇基底，从26口钻遇基底岩心的井资料分析，其岩性主要为花岗岩和闪长岩，时代为（178±5）～（97±3）Ma，相当于中侏罗世—白垩纪中晚期，岩浆侵入到大叻地块班敦岩层中，共有三期，分别为：定光-安克罗特（Dinkuan-Ankroet）岩系（150～130Ma）、卡岭（Deo-Ca）岩系（100～90Ma）和蕃朗（Phanrang）岩系。结合其他资料，此岩浆-火山岩带可能一直延伸到加里曼丹岛北部，在加里曼丹岛古晋带发育有白垩纪的中酸性火山岩，位于过渡相—海相地层中。西婆罗洲晚三叠世的Matan杂岩被154～75Ma的石英闪长岩、英闪岩和花岗岩侵入，纳土纳岛上也见发育有年代为73±2Ma的花岗岩。

九龙盆地的基底中发育有中侏罗世—白垩纪（178～70Ma）中酸性火山岩带，目前在该区的钻井资料也证实了这一点。基底之上发育有始新世—第四纪的地层（图2-14）。

始新统至下渐新统茶句（Tra Cu）组：沉积环境为冲积扇相和河流-三角洲相，岩性以沉积碎屑岩为主（长石砂岩、黏土岩夹火山岩），并有岩墙侵入，厚度约1500m。

渐新统茶新（Tra Tan）组：沉积环境为滨浅海相、海岸平原相、湖相及潟湖相，岩性分为上下两段，上段以砂岩与黏土岩为主，下段以湖相页岩与冲积相砂岩为主，厚度约1800m。

下中新统白虎（Bach Ho）组：沉积环境为河流相、滨浅海相、潟湖相及海相，岩性分为上下两段，上段以海相页岩为主，下段以含河流/河道砂的页岩为主，厚度1050～1450m。

中中新统昆山（Con Son）组：沉积环境为河流-湖泊相及陆缘海，岩性以砂岩与黏土岩为主，厚度800～950m。

上中新统Dong Ma组：沉积环境为河流相、三角洲相、陆架相及开阔海相，岩性以砂岩夹黏土岩以及少量煤层为主，厚度700～800m。

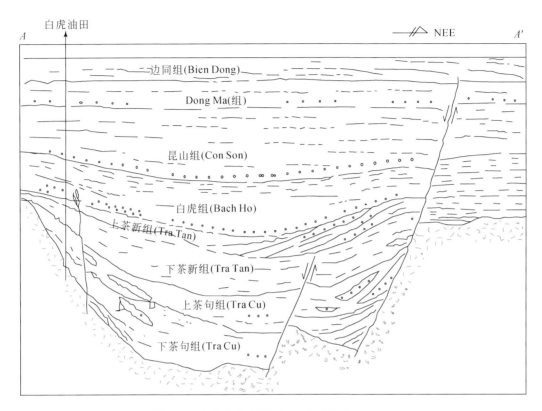

图 2-14 九龙盆地地层剖面（孙桂华等，2010）

上新统至第四系边同（Bien Dong）组：沉积环境为河流相、三角洲相、陆棚相及开阔海相，岩性以泥岩和粉砂岩为主，厚度约 700m。

白虎油田 1、2 号钻井资料显示，该盆地上更新统沉积层厚约 50m，是里斯–玉木期、中玉木期及早、晚玉木期的沉积物，前者富含海洋生物化石群的海泥和砂屑岩，后者为不含介壳岩屑和微生物化石的致密杂色黏土岩。

风化断裂基底是九龙盆地最重要的储层，它也是越南所有盆地中含油气资源量最丰富的储层，目前有 100 多口生产井，某些单井日产量超过 1000t，大多数单井日产量为几百吨。深成岩风化壳中的油气藏占该盆地探明石油储量的 40%，天然气储量的48%。该盆地独特的风化基底储层蕴含了巨大的油气资源量，使其成为举世闻名的含油气盆地。

（三）储　　层

尽管发现了沉积岩和火山岩油气藏，裂缝式基底储层仍然是九龙盆地独一无二的特征。1988 年 Vietsopetro 在盆地基底首先发现油气储藏在基底中的裂缝、微裂缝中。基底孔隙度极低，基底裂缝发育的控制因素为：①岩浆岩冷却；②构造活动；③热液作用；④风化和剥蚀作用。

其中构造活动和热液作用是控制裂缝系统的主要因素。渐新世晚期发生的挤压运动重新激活了花岗岩基底原有的断层，使得花岗岩基底发育大量裂缝，形成有效的储集空间。该挤压运动可能与沿东西向断裂线发生的走滑运动有关。

基底中大多数裂缝都是高角度（40°~75°）的。它们的走向在盆地的各区域都是不相同的，即使在同一个油藏内部也有不同。这些基底储层的渗透率一般较高。裂缝型基底储层产量较高，原油日产达1803.1t，油层厚度为1000~1500m，基底油藏顶部深度为2500~3000m。

（四）油　　田

白虎油田位于越南九龙盆地早新生代中央隆起带基岩断块上，长约30km，宽6~8km。其形成主要受到北东向构造运动的控制，使得基底抬升出露地表，受到风化、淋滤作用后逐渐下沉，在渐新世末期又受到东西方向构造运动的影响，形成大量逆断层和高密度的裂缝系统。断裂系统的发育有NE向、NW向、EW向3组，构造幅度为-4000~-4800m。基岩隆起被两组裂缝系统交叉切割，使基底裂缝相互连通。在裂缝壁发育高密度的孔洞，同时伴生微裂缝，增强了裂缝系统的流体流动能力和储集能力。未被改造的基岩区不具备流体的流动性和储集性。构造位置越高，基岩被改造得越强，裂缝和洞穴越发育。

白虎油田基岩几乎包括了所有的岩浆岩类型，以花岗岩和花岗闪长岩为主。孔隙类型包括原生孔隙（以粒间孔为主）和次生孔隙，次生孔隙包括裂缝和孔洞。原生孔隙的孔隙度小于0.5%，不是有效孔隙；次生孔隙中，大、中型裂缝和孔洞构成有效存储空间，其孔隙度为1%~2%，裂缝宽度在100~500μm，渗透率超过20mD；微裂缝构成的裂缝系统孔隙度为2%~10%，裂缝宽度为1~10μm，渗透率为5~7mD。基岩的后期改造作用，对不同类型岩石的改造程度有所差异，易碎的花岗岩易形成裂缝，从而提高储层物性，而热液中携带的黏土矿物和次生矿物部分充填了裂缝和孔隙，从而降低储层物性。

基岩油藏的渗透率和孔隙度随深度的增加而大幅度减少。基岩顶部孔隙度可达3%~4%，随深度的增加一般降低到1.5%~2%，最低可降至1%~1.5%，如图2-15所示。基于白虎油田80口井的资料分析，靠近基岩顶部的漏失程度较高，随着深度的增加，漏失程度逐渐减弱。

四、印度尼西亚南苏门答腊盆地 Suban 气田

南苏门答腊盆地位于现今苏门答腊火山弧、Barisan山脉和苏门答腊断层的东北方向（该地区有五个盆地），呈北西-南东向展布，大部分位于陆上，小部分位于巽他陆架的浅海中（图2-16），面积约为12.6×10⁴km²。苏门答腊岛构造结构复杂，这归因于印度-澳大利亚板块沿其西南边缘向东北方向倾斜俯冲。该地区发生了明显的地壳拆离作用，在印度-澳大利亚板块俯冲的同时，该岛西南弧前地区沿苏门答腊断层发生向北

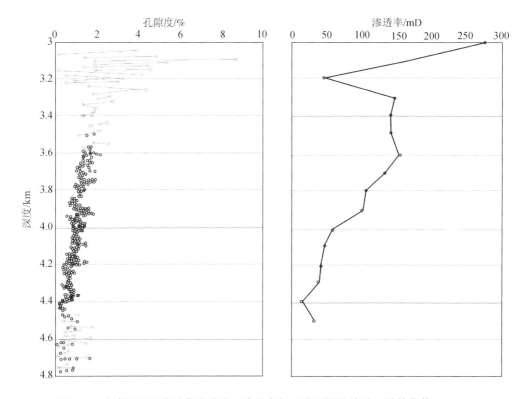

图 2-15　白虎油田基岩油藏孔隙度、渗透率与基岩埋深的关系（孙桂华等，2010）

运动（图 2-16）。这个倾斜的侧向运动沿着右旋横推苏门答腊断层、Barisan 山脉扭压带与巽他克拉通相互作用，使得苏门答腊断层在长度上进一步延伸。苏门答腊断层侧向位移的距离很大，公认约为 150km。

南苏门答腊盆地从板块运动和板块构造角度分析，属于汇聚型板块边界的弧后伸展盆地，其发育主要受到印度板块俯冲作用的影响。经历了裂谷、裂谷–拗陷过渡、拗陷、盆地挤压反转这四个构造演化期。在新生代变质基底上（图 2-17 中地层单元 1）依次沉积了古近纪、新近纪中晚期裂谷发育的 Lamat 组和 Talang Akar 组（图 2-17 中地层单元 2），下–中中新统拗陷早期发育的 Batu Raja 组（图 2-17 中的地层单元 3），下–中中新统的 Telisa 组（图 2-17 中地层单元 4），中–上中新统的 Air Benakat 组和 Muara Enim 组（图 2-17 中地层单元 5），以及上中新统—上新统挤压反转阶段的 Kasai 组（图 2-17 中地层单元 6）。总之，其下部发育花岗岩、火山岩和变质沉积岩，上部发育礁岩、碳酸盐岩和富含有机质的深水页岩和泥灰岩。

南苏门答腊盆地油气勘探历史悠久，石油最早于 1886 年被发现，至今盆地中共发现油气田约 287 个，可采储量约为 10.2×10^{8}t。总体特点为油气田数量多，但规模小。Suban 气田发现于 1998 年，投产于 2003 年，探明储量超过 1.58×10^{8}t 油当量，储层厚约 1400m，储层下的水层为正常压力。大量试井数据表明，该气田储层主要为基底风化的花岗岩，各类型储层均发育有大的断层和相互连通的天然裂缝网络。新生代以前的基底几乎没有原生孔隙，100% 的渗透率都来自各种尺寸的裂缝。作为气田主力地层

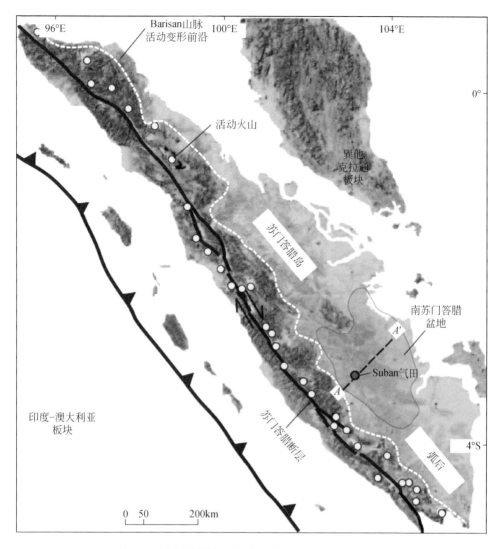

图 2-16　苏门答腊盆地构造背景图（Hennings，2012）

的单元 2（图 2-17）的孔隙度为 8% ~ 14%，渗透率为 0 ~ 8mD；地层单元 3（图 2-17）的孔隙度为 4% ~ 8%，渗透率为 0.5 ~ 5mD。

五、纳米比亚奥兰治盆地 Kudu 气田

奥兰治盆地位于纳米比亚西南陆缘（图 2-18），属于被动陆缘盆地。在晚侏罗世—新近纪期间，由非洲和南美板块断陷、漂移而形成。盆地面积约 $13 \times 10^4 km^2$，从晚侏罗世到现今，沉积地层厚约 7000m。

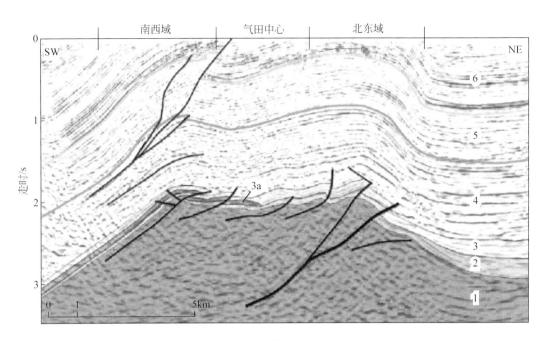

图 2-17　Suban 气田北东–南西构造剖面图（Hennings，2012）

纳米比亚被动陆缘北部和南部边界是两个北东–南西走向的大范围不连续地壳，即沃尔维斯火山脊和 Agulhas-Falkland 断裂带。奥兰治盆地以北为 Luderitz 盆地、沃尔维斯盆地和纳米比亚盆地，以南为 Agulhas-Falkland 断裂带。于 132Ma 盆地 Etendeka-Parana Lgneous 地区溢流玄武岩喷发，造成基底拉伸、断裂和反转。在裂谷期后发生沉降导致盆地洪水泛滥，形成深海相沉积，随之发育三角洲进积。热史模拟显示，纳米比亚边缘达到中、高度成熟度的烃源岩已经具备了生成油气条件。

从层序地层的角度来看，盆地发育于裂谷同期巨层序火山岩，晚侏罗世到欧特里沃阶（160～127Ma）地震反射呈现向盆内倾斜、强振幅低频连续–不连续、呈扇形的特征，倾角随盆地深度和厚度的增加而增长。火山岩层序下面是现代边缘斜坡（图 2-19），地震反射显示出一个明显的楔形、轻微凸起的几何形态，包括形成于大陆断裂晚期和海底扩张早期的火山楔形沉积，类似其他研究者描述的火山断裂边缘。反射层显示出来的几何形状可能与火山断裂边缘发育的玄武岩和沉积岩互层有关。Kudu 气田的玄武岩储层证实了上述的地震解释结果（图 2-19）。

奥兰治盆地中的 Kudu 气田，是纳米比亚至今发现的最大气田，也是该国唯一的具有商业开发价值的气田。该气田位于纳米比亚南部大陆架水深 150～200m 的海域，距离海岸线 70km，于 2011 年正式投入生产，储层为下白垩统玄武岩（图 2-19），探明天然气储量为 $849\times10^8 m^3$。

六、阿根廷内乌肯盆地 Medanito-25 de Mayo 油气田

安第斯火山弧形成于显生宙期间洋壳向南美克拉通西部边缘间歇性俯冲，该洋壳

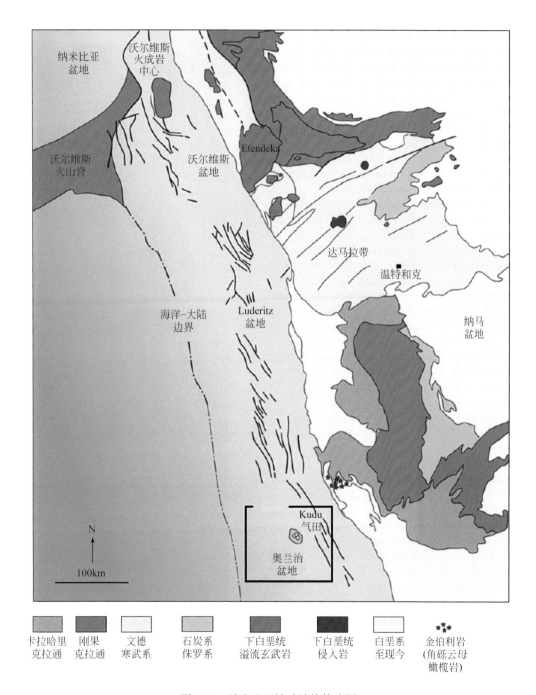

图 2-18 纳米比亚被动陆缘构造图

最近的一次俯冲开始于早侏罗世，并一直持续至今。晚白垩世—新生代，安第斯火山弧向西推进了数百千米，此过程中伴随产生的挤压应力造成了前陆盆地层序的进积变形。由此在安第斯火山弧后由北向南形成了一系列的弧后前陆盆地，内乌肯盆地就是其中之一。

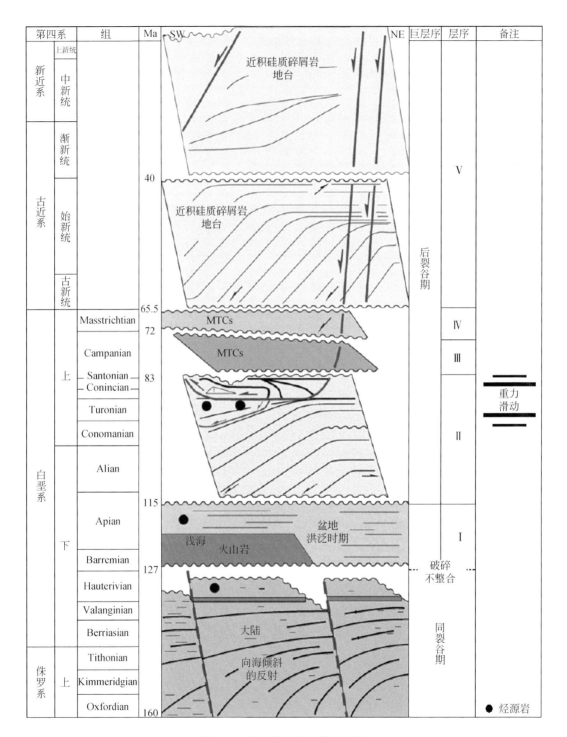

第四系		组	Ma	SW　　　　　　　　　　　　　　　　NE	巨层序	层序	备注
新近系	上新统			近积硅质碎屑岩地台	V		
	中新统						
古近系	渐新统		40	近积硅质碎屑岩地台	后裂谷期		
	始新统						
	古新统		65.5				
白垩系	上	Masstrichtian	72	MTCs		IV	重力滑动
		Campanian		MTCs		III	
		Santonian	83				
		Conincian				II	
		Turonian					
		Conomanian					
	下	Alian	115				
		Apian		盆地洪泛时期	I		
				浅海　火山岩			
		Barremian	127			破碎不整合	
		Hauterivian					
		Valanginian			同裂谷期		
		Berriasian		大陆			
侏罗系	上	Tithonian		向海倾斜的反射			
		Kimmeridgian					
		Oxfordian	160			● 烃源岩	

图 2-19　奥兰治盆地年代地层图

　　内乌肯盆地位于阿根廷中西部（38°S，69°W），占地面积约 100km² ，它是阿根廷最大的石油和天然气生产区（图 2-20）。自早三叠世裂谷期以来，该盆地周期性的海相或陆相沉积交替充填。侏罗纪—早白垩世，该盆地成为稳定的弧后沉积中心。早白垩世，当安第斯弧由西向东运动时，盆地演化为一个前陆沉积中心。中生代，盆地的西部边缘开始发育褶皱和逆冲层带，新近纪安第斯弧的东进运动发生得更为频繁。现今，三角形的内乌肯盆地西部为北-南向细长的安第斯褶皱和逆冲带，南部为北东东向的Huincul 隆起，北东部为平原区域。

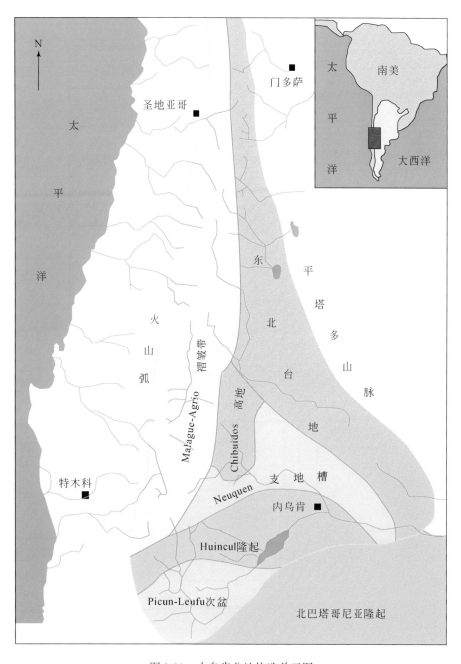

图 2-20　内乌肯盆地构造单元图

内乌肯盆地是个盛产油气的盆地，据统计，阿根廷43%的石油和59%的天然气皆产于该盆地。该盆地的油气勘探始于1960年，但是1990年之后才把火山岩油气藏作为潜力资源。例如，Medanito-25 de Mayo 油气田就是很好的火山岩油气田，日产石油1570.6t。该油田目前石油的可采储量约为 $5670×10^4$t，1962～2001 年石油的累计产量为 $3136×10^4$t。

阿根廷内乌肯盆地的火山岩储层主要位于 Precuyano 组（图2-21）。

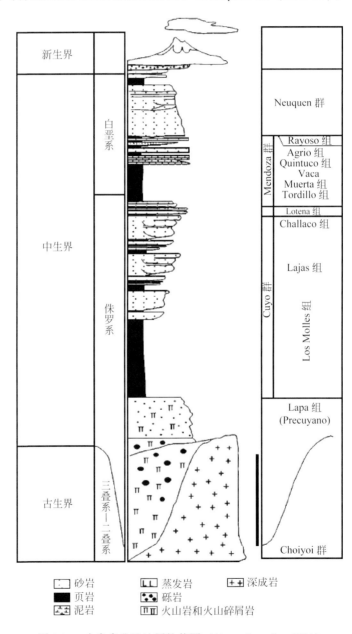

图 2-21　内乌肯盆地地层柱状图（Monreal et al.，2009）

Precuyano 组主要由火山碎屑岩沉积物组成，包含凝灰岩、熔结凝灰岩、流纹岩和外碎屑岩。油气一般聚集在构造高部位（火山口、近火山口）的火山岩中。油气主要的存储空间均经历过成岩后作用的改造（Medanito-25 de Mayo field 油田）。

七、巴西萨利莫斯盆地 Urucu 油气田

因为缺少较强的构造作用，加之地表覆盖有广阔的热带雨林植被区，巴西的油气勘探面临较大的挑战。除了横向延伸的构造作用形成构造高部位的萨利莫斯（Solimoes）盆地具有油气勘探前景之外，其他盆地的常规油气资源前景都不容乐观。但巴西内克拉通盆地内部（图 2-22，图 2-23）的大规模岩浆侵入体和围岩能够提供热源和油气封闭条件。因此，普遍认为这些盆地有着很广阔的火成岩油气前景，现已发现浅成岩 Urucu 油藏，其储层岩性为辉绿岩。

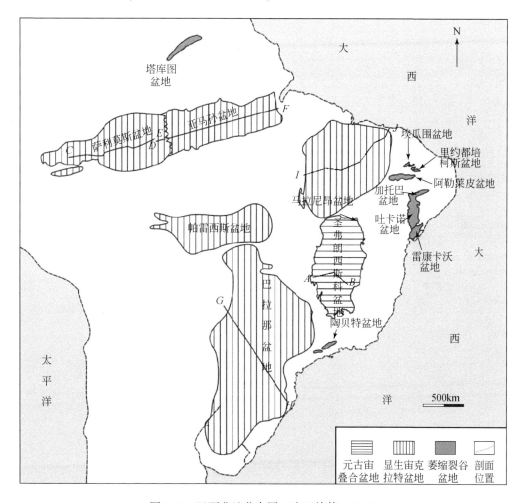

图 2-22　巴西盆地分布图（庞正炼等，2013）

影响巴西古生代盆地的岩浆活动与冈瓦纳古陆裂解时的早三叠世—侏罗纪构造作

用有关。从三叠纪—侏罗纪到早白垩世，基性岩浆上涌，造成该地区抬升进而形成断裂，上涌的基性岩浆最终形成新的围岩或喷出地面。从南美洲南部到圣埃斯皮里图桑托盆地，断裂作用变得越来越剧烈。侵入和喷出作用发生在接近地表的软流圈附近，岩浆为碱性拉斑玄武岩。1986 年，Almeida 采用 K/Ar 法来测定这些岩浆的活动时间，测年结果显示巴拉那盆地、帕尔纳巴盆地、亚马孙盆地和萨利莫斯盆地的基性岩浆活动发生在三叠纪—早白垩世。晚白垩世到三叠纪，较年轻的碱性和基性–碱性火山岩在局部发育。

三叠纪—侏罗纪萨利莫斯盆地和亚马孙古生代盆地的侵入岩浆为辉绿岩岩墙和岩床（图 2-23），这些盆地的沉积中心和最大重力部位重合，预示基底有更致密的岩石。这些盆地的形成和志留纪—泥盆纪发生的亚马孙克拉通大地断裂构造有关，并且逐渐演化为拗拉槽。由此可以推断这些盆地形成于稳定的陆块环境。帕尔纳巴盆地和巴拉那古生代盆地有向斜式构造，也被认为是陆内盆地的有利证据。在帕尔纳巴盆地，溢流玄武岩岩墙、岩床与两次独立的岩浆作用有关。巴西火山岩最大的露头在巴拉那盆地中，为晚白垩世基性岩浆岩。

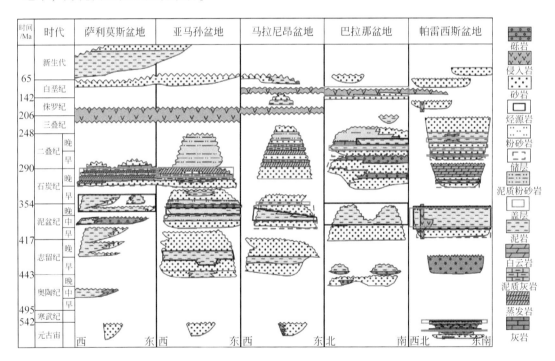

图 2-23　各显生宙克拉通盆地地层对比及生储盖层特征（庞正炼等，2013）

萨利莫斯盆地属于弧后前陆盆地，总面积约 $60 \times 10^4 km^2$。位于巴西西北部，亚马孙克拉通西侧，是巴西几个大型陆上沉积盆地之一。有利油气勘探区面积巨大，约 $48 \times 10^4 km^2$。其中的 Urucu 油气田储层为辉绿岩，石油储量为 $1567 \times 10^4 t$，天然气储量 $330 \times 10^4 m^3$。

八、阿根廷 Austral 盆地 Cerro Norte 气田、Campo Bremen 气田、Oceano 油气田

（一）盆地简介

Austral 盆地位于阿根廷最南部和智利西部（图 2-24），面积超过 $23 \times 10^4 km^2$。该盆地基底为变质岩，盆地里充填有侏罗系酸性火山岩、火山碎屑岩，白垩系海相沉积序列和古近系浅海、陆相沉积岩。

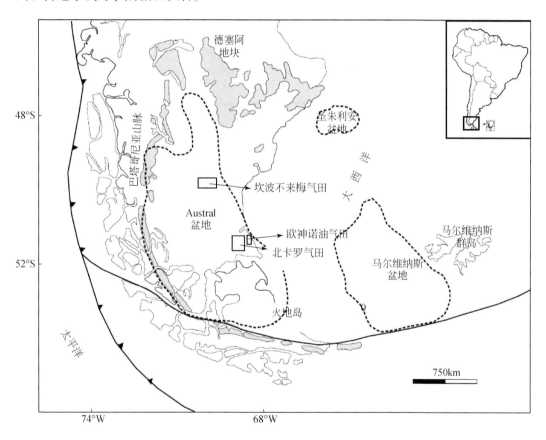

图 2-24　Austral 盆地构造区域图（Sruoga et al.，2004）

Austral 盆地的石油、天然气产量分别占阿根廷总油气产量的 7% 和 19%。先前，该盆地的中–上侏罗统的 Serie Tobifer 组火山岩储层被定为第二油气勘探目标。然而随着油气勘探事业的推进，盆地内的火山岩油气储层探明储量相对于 20 世纪 90 年代已经增大了 5 倍，现今火山岩油气藏已经成为该盆地的首要勘探目标（Sruoga et al.，2004）。其单井天然气累计产量达 $3.95 \times 10^8 \sim 14.4 \times 10^8 m^3$。

（二）含油气地层

Serie Tobifera 组是一个广泛分布的岩性地层单元（图 2-25），称为 Chon-Aike 区，一个巨大的酸性火成岩层，面积约为 $170 \times 10^4 km^2$。中–晚侏罗世，沿冈瓦纳大陆的西部边缘巴塔哥尼亚发生了时间长、范围广的火山活动。德塞阿地块中的许多低硫金、银矿床都与这次岩浆事件有关。

古放射性检测研究显示该地层单元的年龄为中侏罗世（160.7Ma）。高精度 U-Pb 锆石年代测定确定了火山活动的三个主要时期：V1（188～178Ma）、V2（172～162Ma）和 V3（157～153Ma）。在火山活动的 35Ma 里，陆块不断向西迁移，反映了冈瓦纳解体阶段的构造变化。

三叠纪时期区域岩石圈扩张活动与巨大火山单元侵位同时发生。地震资料显示，硅酸岩浆活动受北西–南东向主断层控制，与初始伸展运动密切相关。断裂构造活动在白垩纪早期很频繁，最终导致了大西洋扩张。在冈瓦纳大陆解体早期发生的基性、二元火山活动很有可能与 Karroo 地幔柱活动有关。随后，火山岩浆基本上硅酸化，间歇性向太平洋边缘移动。在最新的岩浆活动期间，火山岩侵入 El Quemado 段和 Ibanez 组。地球化学证据证明这些岩石有岩浆弧特征，说明在白垩纪末期，经历了长期的静止状态后，该区域又发生了加速汇聚和岩浆弧发育事件。在古近纪和新近纪造山运动期间，沿着主断层区域，该断裂系统又开始活动，发生构造反转运动。

南 Chon-Aike 区占主导地位的岩性是熔结凝灰岩，此外还发育有花岗岩、熔岩丘、少量中性熔岩和外碎屑凝灰岩，有着比较好的均质性。该火山单元在不同的地区有着不同的命名（表 2-2）。在德塞阿地块，火山岩层较平坦，没有发生变形。相反，安第斯山脉的火山岩，在安第斯造山旋回时期，经历了多种变形，如逆冲、断裂等。

表 2-2 南 Chon-Aike 含油气区侏罗系火山碎屑岩单元的不同地层名称

德塞阿地块（Deseado Massif）	Austral 盆地（Austral）、马尔维纳斯盆地（Malvinas）和圣朱利安盆地（San Julian）	
Bahia Laura 阶；Chon-Aike 时间带（大体积的流纹质熔结凝灰岩、熔岩流和熔岩丘）+La Matilde 时间带（外碎屑岩、大量的湖相沉积岩和少量的熔结凝灰岩）	Serie Tobifera（大体积的流纹质熔结凝灰岩、熔岩流和熔岩丘、外碎屑岩、混积岩）	El Quemado Complex、Lemaire 时间带（阿根廷）= Ibanez 时间带（智利）（流纹质熔结凝灰岩和熔岩流、安山质熔岩和层间的外碎屑凝灰岩、最西部的混积岩）

Serie Tobifera 组广泛分布在 Austral 盆地、马尔维纳斯（Malvinas）盆地和圣朱利安（San Julian）盆地（图 2-25），在智利偏远的埃斯佩兰萨（Esperanza）区域、火地岛和阿根廷的 Isla de los Estados 均发现零散的露头。在阿根廷和智利的最南部，Austral 盆地

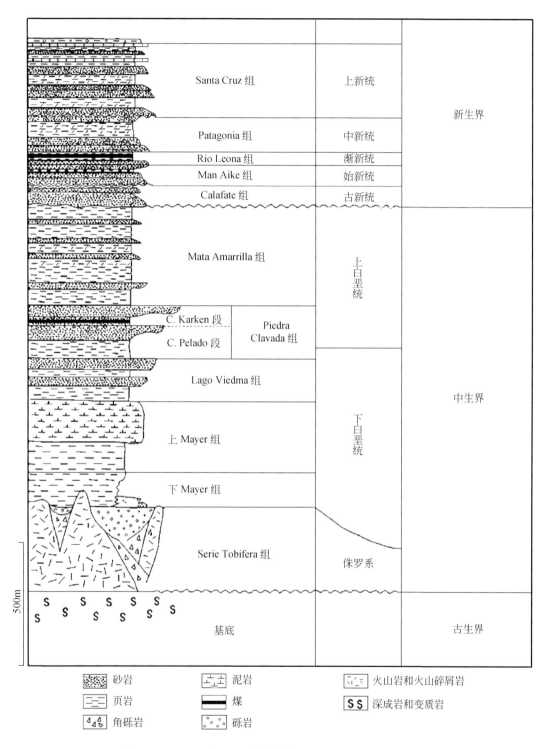

图 2-25 Austral 盆地地层综合柱状图（Sruoga et al.，2004）

和 Maernmost 盆地面积超过 $170 \times 10^4 km^2$。走向为北北西–南南东。盆地北部边界为北部德塞阿地块，西部边界为安第斯逆冲褶皱带，东部边界为 Rio Chico 山脊。盆地位于古新世变质基底之上，充填有侏罗系酸性火山碎屑岩、白垩系拗陷海相沉积物和古近系、新近系海相和陆相沉积物。在太平洋边缘，这个沉积单元主要由水下火山碎屑岩组成，与浊积岩层和多源碎屑流沉积联系非常紧密。体积巨大的浊积角砾岩和玻质碎屑岩记录了流纹岩浆侵入海相环境的沉积物的过程中发生了冷却作用。再往东，Serie Tobifer 组的岩性组成与 Chon-Aike 区其他部分很相似，包括陆上的流纹岩熔岩流和穹丘、外碎屑和火山碎屑流。在圣朱利安（San Julian）盆地钻遇了1385m 厚的流纹岩和流纹凝灰岩，在 Austral 盆地西部发现了约 2000m 厚的火山碎屑岩。在 Austral 盆地的最东部和马尔维纳斯（Malvinas）盆地西部，将 Dogger Malm 巨层序描述为半地堑火山充填，由凝灰岩、凝灰质砂岩、流纹岩和少量黑色湖相沉积物组成。该巨层序被分为两个层序组，即 1500m 厚的下 Tobifera 组和 500m 厚的上 Tobifera 组。火山碎屑层序充填最深的地槽，在基底高部位缺失，此处的上 Tobifera 组分布较为连续，向东楔入火山碎屑层序，它包含了夹有甲藻脉矿的海相页岩。在火地岛（Tierra del Fuego），对应的 Lemaire 组厚 1000m，被分为 4 段，由外碎屑凝灰岩、英安岩、流纹玻屑泥灰岩和深层富有机质湖相页岩组成，它们都是油气资源的潜力区。

（三）油　气　田

Austral 盆地的油气主要产自东南部的 Cerro Norte 气田、Campo Bremen 气田和 Oceano 油田，这些油气田的储层均位于构造高部位。

1. Cerro Norte 气田

该气田储层为流纹岩，30% ~ 40% 为斑晶，包括：石英、钾长石、稀有的黑云母和不透明矿物。基质为霏细状、花斑状的聚合体。储层有三种重要的孔隙类型：筛状晶内孔、由自角砾化作用生成的沿碎屑边界发育的微孔、与热流蚀变作用有关的微孔。Cerro Norte 气田孔隙度为 13% ~ 28%，渗透率为 0.001 ~ 6.7mD。

2. Campo Bremen 气田

该气田的储层垂向划分比较明显，为未熔结至中等熔结的凝灰岩。晶间孔和气孔很常见。玻屑成分为石英、钾长石、斜长石、黑云母及不透明矿物，几乎不含岩屑。它们普遍受到热流蚀变作用的影响，含有绿泥石、方解石、黏土和热液角砾岩。熔结凝灰岩的孔隙度为 4.8% ~ 26%，渗透率为 0.002 ~ 164mD。外碎屑岩的孔隙度达 22%，渗透率达 200mD。可以分出五种类型的孔隙：依赖于熔结作用强度的内碎屑孔和气孔、与钾长石筛状纹理对应的晶内孔、与热液有关的微裂缝、晶间孔。

3. Oceano 油气田

该油气田的储层由不同岩性的岩石构成，包括玻斑岩、黑曜石、玻质碎屑岩、凝灰岩和外碎屑角砾岩。该油田的孔隙度和渗透率变化范围较大。冷却玻璃（玻基斑岩和黑曜石）有较大的孔隙度和渗透率（达到37.6%和762mD），除了玻质碎屑岩，其余的岩石都有着低渗透率（0.003～0.18mD）。非均质性外碎屑孔隙度为9.4%～32%，渗透率为0.002～6.4mD，但是一般小于1mD。凝灰岩的孔隙度为17%～30%，低渗透率小于0.1mD。该油田储层有五种类型的孔隙：冷却收缩缝、玻质熔结孔、内碎屑孔、构造变形产生的次生孔、外碎屑角砾岩晶间孔。

九、阿尔及利亚三叠盆地 Ben Khalala 和 Haoud Berkaoui 油田

三叠盆地位于阿尔及利亚的撒哈拉地台，撒哈拉地台包含十个主要盆地：贝沙尔盆地、蒂米蒙盆地、廷杜夫盆地、陶丹尼盆地、雷甘盆地、阿赫奈特盆地、莫伊代尔盆地、三叠盆地、古德米斯盆地及伊利兹盆地。

撒哈拉地台发育在前寒武系结晶基底之上，古生界填充物（寒武系—石炭系）很厚，中生界和新生界厚度较小。古生代的构造运动较复杂，早古生代时，由摩洛哥向东发生海侵，志留纪时达最大，加里东运动造成南部的霍加尔地块上升，沿基底薄弱带形成一些南北向断块。之后，发生泥盆纪海侵，至中石炭世出现区域性海退。海西运动对撒哈拉地台区有重要影响，形成了若干个隆起带和盆地。石炭纪末，发生隆起和剥蚀，并在地台西部和西南部有火山活动。三叠纪受特提斯海的影响，阿尔及利亚北部再次沉降，古地中海海水由北向南侵入，在撒哈拉地台北部形成很厚的蒸发岩系，并一直持续到早侏罗世里阿斯期，形成了三叠系含油区——三叠盆地。三叠纪海进之后又发生海退，沉积了陆相地层，到早白垩世阿尔必期又发生海侵，形成了广泛分布的地台型碳酸盐岩沉积。早白垩世由于遭受挤压作用，地台中、东部有断裂活动，在东部各隆起顶部的三叠系和侏罗系遭到剥蚀，这一阶段也是油气运移的主要时期。在撒哈拉地台的北部沉积有古近系，这是北侧的撒哈拉阿特拉斯褶皱带向地台北部扩张的结果。

三叠盆地为古生代—中生代盆地，其基底为前寒武系，位于撒哈拉地台北部，盆地面积 $35 \times 10^4 km^2$，东北部延伸到突尼斯，阿尔及利亚境内面积 $28 \times 10^4 km^2$（图2-26）。东南侧为古德米斯盆地和伊利兹盆地，西北部和西部为贝洛特地槽和蒂米蒙盆地，北部为梅尔海尔地槽。

三叠盆地分为以下构造单元：北部为图古尔特低隆起，西部为蒂尔赫姆特穹窿、吉奥尔发脊窿起及阿拉尔高地等隆起构造，中部为韦德迈阿次盆地，东部为哈西迈萨乌德隆起，东北为达马哈隆起。阿尔及利亚的最大气田（哈西勒迈勒凝析气田）和最大油田（哈西迈萨乌德油田）分别分布在蒂尔赫姆特穹窿和哈西迈萨乌德隆起上，这两个隆起单元与韦德迈阿次盆地构成马鞍状。

在阿尔及利亚的三叠盆地，地温梯度和古构造是控制油气分布的主要因素。寒武

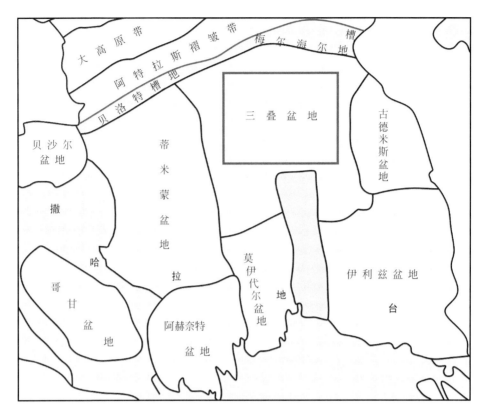

图 2-26　三叠盆地构造方位图（童晓光和关增焱，2002）

系形成的构造一般含油，三叠系形成的构造一般倾向于含气。油气丰度取决于烃源岩和盖层的有效性。大约有90%的石油聚集于寒武系，其余则主要见于三叠系。三叠系厚层盐岩下的碎屑岩地层中探明的油气储量占全盆地的34.3%，其中天然气和凝析气占了全盆地的98%，而石油储量只占全盆地的10%。三叠盆地中发育的火山岩 Ben Khalala 和 Haoud Berkaoui 油藏为超巨型哈西迈萨乌德油田的一部分，火山岩储层为寒武系玄武岩（图2-27），储量约为3400×10⁴t。

十、库拉盆地阿塞拜疆穆拉德汉雷油田、格鲁吉亚萨姆戈里油田

（一）盆地简介

库拉盆地位于南滨里海的西部，为中-新生代沉积盆地，含油面积约 $9.5×10^4km^2$（图2-28）。在晚白垩世至始新世期间，特提斯洋块俯冲到小高加索岛弧之下，为油气生成和聚集提供了有利的因素：

（1）外高加索中间地块大陆壳被岩浆、构造运动破坏，在侵入体之上发育断层、背斜、岩性圈闭。

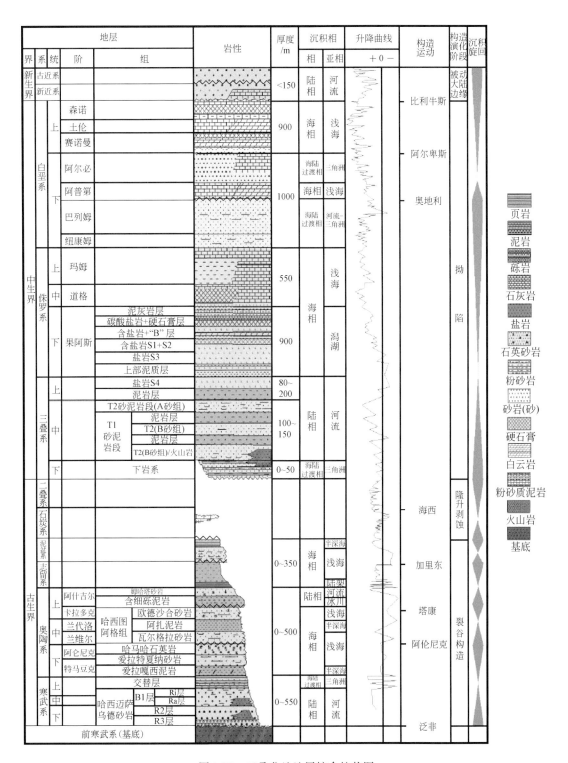

图 2-27　三叠盆地地层综合柱状图

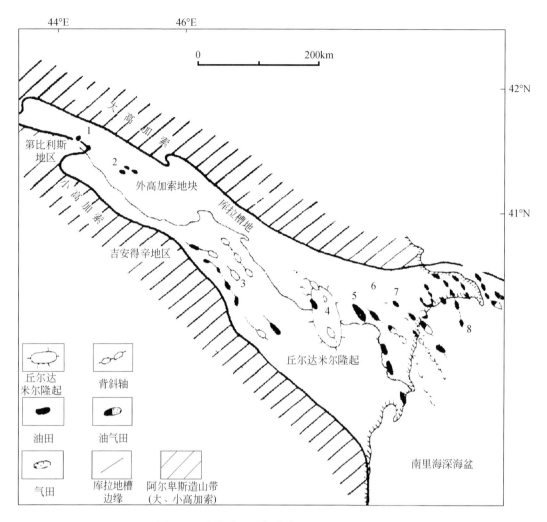

图 2-28　库拉盆地油气分布图（Levin，1995）

1. 萨姆戈里油田；2. Mirazaani，Patarabulak，Taribam；3. Dalmanedly；4. 穆拉德汉雷油田；5. Kyurovdag，Karabagly，
Baba Zanan；6. Mishovdag Pirsagat，Kalmas；7. Umbaki，Kamzdag，Sangachaly（海上），Bulla（海上）；8. Bibiabat，
Binagdy，Peschany 岛，Artem 岛

（2）火山作用提高了地温梯度，一直持续至今。

这些因素导致油气聚集于外高加索地块古陆架的浅水沉积物中。储层为沉积岩和火山碎屑岩（图 2-29）。

在小高加索前渊中，烃源岩存在于晚白垩世—始新世沉积物中。在库拉盆地中，烃源岩存在于富含有机质的中新世—上新世沉积物中。在这个地槽里，油气聚集在晚白垩世—第四纪沉积物中，石油储量约为 $9.7 \times 10^8 t$，天然气储量为 $60 \times 10^8 \sim 70 \times 10^8 m^3$。其中，位于火山碎屑岩和火山岩储层中的储量为：石油 $5 \times 10^4 \sim 6 \times 10^4 t$，天然气 $10 \times 10^8 m^3$。

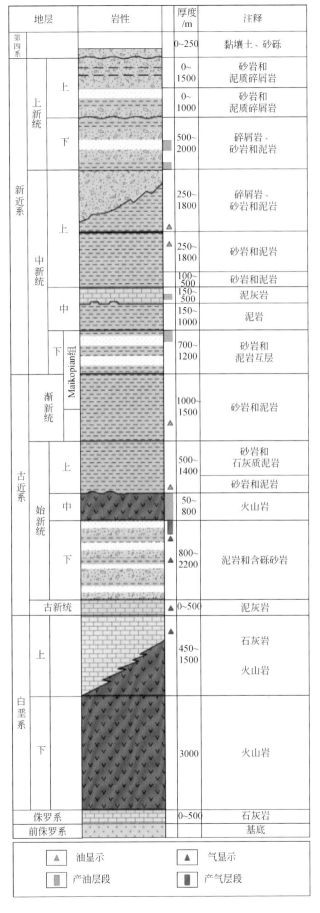

地层				岩性	厚度/m	注释
第四系					0~250	黏壤土、砂砾
新近系	上新统	上			0~1500	砂岩和泥质碎屑岩
					0~1000	砂岩和泥质碎屑岩
		下			500~2000	碎屑岩、砂岩和泥岩
	中新统	上			250~1800	碎屑岩、砂岩和泥岩
					250~1800	砂岩和泥岩
					100~500	砂岩和泥岩
		中			150~500	泥灰岩
					150~1000	泥岩
		下	Maikopian组		700~1200	砂岩和泥岩互层
古近系	渐新统				1000~1500	砂岩和泥岩
	始新统	上			500~1400	砂岩和石灰质泥岩
						砂岩和泥岩
		中			50~800	火山岩
		下			800~2200	泥岩和含砾砂岩
	古新统				0~500	泥灰岩
白垩系	上				450~1500	石灰岩 火山岩
	下				3000	火山岩
侏罗系					0~500	石灰岩
前侏罗系						基底

△ 油显示		▲ 气显示	
▯ 产油层段		▮ 产气层段	

图 2-29　库拉盆地地层综合柱状图

在南滨里海的西部（库拉盆地），油气聚集于火山和火山碎屑岩储层中（图 2-29）。库拉盆地中生代—早新生代的演化伴随着两个阶段的岩浆活动。早期阶段（晚白垩世），火山中心沿着区域断裂带出现，断裂带的方向：西部为北西–南东向，东部靠近南滨里海盆地的边界附近为东–西向。100 多口井资料证实，火山中心以巨大的岩浆隆起或背斜为代表，由多种喷出岩组成。在这些隆起的边缘，火山岩被浅水沉积物代替（图 2-30b）。

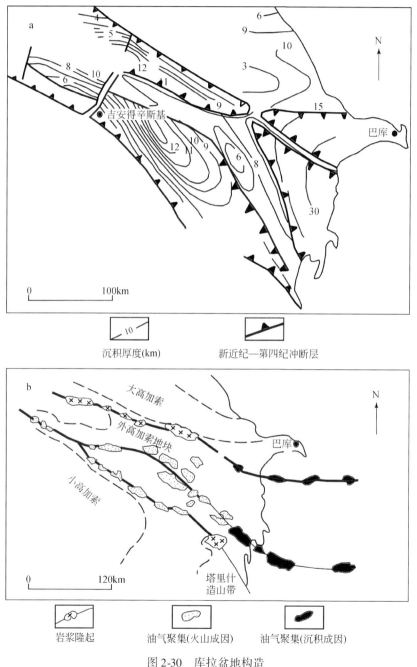

图 2-30 库拉盆地构造

a. 基底构造；b. 中生代岩浆隆起的位置

然而，在阿贾拉（Adjara）-特里阿列蒂（Trialet）（第比利斯以西，图2-31）具有不同类型的岩浆活动。在晚白垩世，发育流纹岩和流纹-英安凝灰岩；在古新世—始新世，主要发育安山玄武岩和安山质凝灰岩。到了晚期，阿贾拉-特里阿列蒂带的南东拗陷（Kura 地槽）的区域断层上发育有火山碎屑岩。

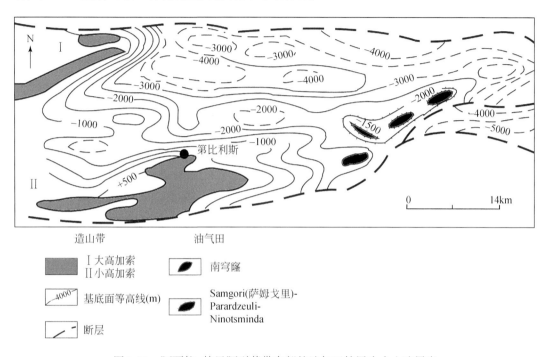

图 2-31 阿贾拉-特里阿列蒂带东部的油气田储层为火山碎屑岩

（二）含 油 气 区

油气聚集于上白垩统—始新统，可分为三个油气区（图2-30）：从西往东，第比利斯以东地区，吉安得辛地区（Giandzhinsky）和丘尔达米尔地区（Kyurdamir），主要储层为上白垩统—始新统中的各种类型火山岩。

钻井显示晚白垩世—始新世库拉盆地中发育不同厚度、不同岩性的储层。在上白垩统—古新统，发育一个连续的、由沉积岩和火山碎屑岩组成的层序（厚约2km），即科尼亚克（Coniacian）阶—丹尼（Danian）阶。储集岩为粗粒岩石，储集空间为孔洞-裂缝。其包括了科尼亚克（Coniacian）阶—马斯特里赫特（Maastrichtian）阶的碳酸盐岩（礁灰岩、灰泥岩和白云岩）、凝灰岩、斑岩和凝灰-熔岩。特殊的储层有凝灰质砂岩和火山灰砂岩［科尼亚克（Coniacian）阶—桑顿（Santonian）阶］，局部发育有灰岩［坎潘（Campanian）阶—马斯特里赫特（Maastrichtian）阶］。

石油和天然气储存于始新统储层中，该地层在库拉盆地西部厚约3700m，东部厚约970m。储层位于碎屑岩、碳酸盐岩和火山碎屑岩中，发育有粒间孔和裂缝。流纹岩和流纹英安凝灰岩孔隙度值最高，高达26%，而安山岩、凝灰岩孔隙度为5%～12%

（偶尔达到23%），渗透率为0.5mD。玄武岩和安山岩–玄武凝灰岩的孔隙率一般为2.5%~8%，最高可达16%，渗透率为0~30mD。

上覆始新统层系，包括凝灰质砂岩和凝灰质粉砂岩，是东第比利斯区域［Samgori-Patardzeuli、Teletskoye 和 Samgori（Southern Dome）油田］、吉安得辛区域（Kazanbulng 和 Dalmamedly 油田等）和丘尔达米尔区域（Muradkhanly 和 Jafarly 油田等）的主要储层。

根据岩石物理性质，划分了三个区域性的中始新统储集层段，第一区域的孔隙度为1%~8%，渗透率为0~0.2mD；第二区域的孔隙度为7.5%~12%，渗透率为0.4~0.8mD，第三区域的孔隙度为5%~12.5%，渗透率为5~30mD。虽然这些岩石的物性较差，但发育裂缝和孔洞，能够形成有效的储集空间。下面是上述三个区域的油气藏构造特征。

1. 东第比利斯区域

本区位于第比利斯东部（图2-28），与被掩埋于新近纪—第四纪年轻逆断层之下的阿贾拉–特里阿列蒂褶皱冲断带区有关。最大的萨姆戈里油田为一短轴背斜构造，被鞍部隔成三个穹丘（Samgori、Patardzeuli 和 Ninotsminda）（图2-31）。中始新统的顶面从西部（Samgori）低于海平面1800m的深度提升到东部（Ninotsminda）1400m。该短轴背斜不对称，北翼的坡度较缓（15°~20°），南翼较陡（30°~60°）。油气藏规模大，原始油水界面深度为2120m。

该油田储层与火山碎屑凝灰岩有关，裂缝型和孔洞型储层的孔隙度为2.5%~5.4%，渗透率可达160mD。储层初始压力22.7MPa，气油比93m³/t，各井的初始石油产量为500t/d，初始凝析油产量为10~120m³/d。第比利斯地区探明储量为3500×10⁴~4000×10⁴t当量，油源迄今尚未查明。

这一类型的油气储层，必须考虑地下压力条件，以便制定合理的钻井和开采计划。

2. 吉安得辛区域

该区域位于小高加索造山带东北边缘（图2-28，图2-30a）。其中三个油气藏区域都和不对称的隆起有关：西南区、中部区和东北区。中始新世火山碎屑岩发育在数个背斜（Dalmamedly，Kazanbulag，Duzdag-Gedakboz，Duzdag，Shiwanly，Shirinkum 等）之中。此外，在上白垩统、古近系（有孔虫层段）和渐新统—新近系（Maikopian）的沉积岩层段中也发育有储层。上白垩统含油气层段中主要的储层是裂缝灰岩，有裂缝凝灰岩和含有孔虫的砂岩夹层（Kuzanbulug，Dalmamedly）。这些油气藏有多个油气产层。

这些油田的初始日产量为35~50t，石油总储量为1000×10⁴t。

3. 丘尔达米尔区域

在丘尔达米尔区域（图2-28，图2-30a）。具有商业开采价值的油气富集于上白垩统（Muradkhanly Znrdob）和中始新统（Zurdob Muradkhmly，Jafarly，Tarsdalliar，Gyurzundug），储层为火山碎屑岩和沉积岩。穆拉德汉雷油田是这一地区的典型代表，是该地区最大的火山岩油田，它是20世纪70年代初期的一个重大发现。石油主要产于潜山顶部的喷发岩（粗面玄武岩及安山岩）中。

晚白垩世初期穆拉德汉雷隆地区发生火山喷发，岩性为粗面玄武岩及安山岩，其最大厚度为1950m。由于火山喷发与海侵过程相伴随，形成了火山岩与沉积岩互层，而后遭受侵蚀，在潜山顶部形成了厚50～100m的风化壳。古新世—第四纪又接受了沉积，导致喷发岩被年轻的沉积物所超覆。

喷发岩（粗面玄武岩及安山岩）是油田的主要储集层。埋深为4000～5000m。根据岩心分析测试，孔隙度为0.6%～20%，平均13%，微裂缝孔隙占总体积的0.44%（根据4cm×5cm的岩心薄片）。样品中见长2cm、宽1.5cm的大气孔及很多1mm的小气孔以及0.05mm×0.97mm的次生孔。

钻井显示，喷发岩的上部有大裂缝及微裂缝系统，出现了泥浆漏失，获得了高产油流，因此该油田的生产性能取决于裂缝。该油田单井最高日产量达到400t。

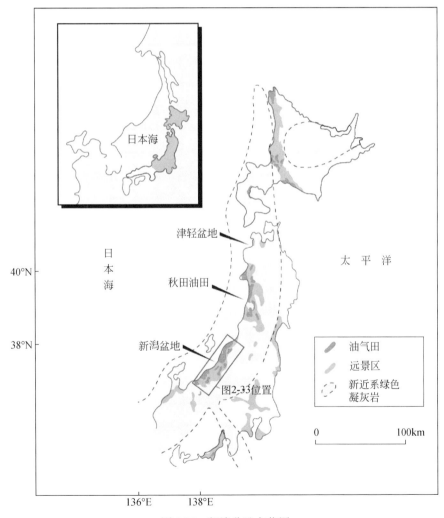

图2-32　新潟盆地方位图

十一、日本新潟盆地火山岩油气藏

（一）盆地概况

新潟盆地是日本最重要的含油气盆地（图 2-32），位于一个大型新近系盆地群的南半部，长约 700km，宽约 80km，沉积物厚约 6km，是日本海在早中新世晚期扩张及渐新世和第四纪持续沉降过程中发育的几个弧后盆地之一。该盆地沿本州岛西北海岸发育有 15 个陆上油田和凝析气田（图 2-32，图 2-33）。该盆地火山岩储层为新近系"绿色凝灰岩"层系。"绿色凝灰岩"为一套火山岩层系，由于成岩后期受到了绿泥石化的影响，被国外学者称为"绿色凝灰岩"，但其岩性上并不全是凝灰岩，还包括流纹岩、英安岩、玄武岩、安山岩。

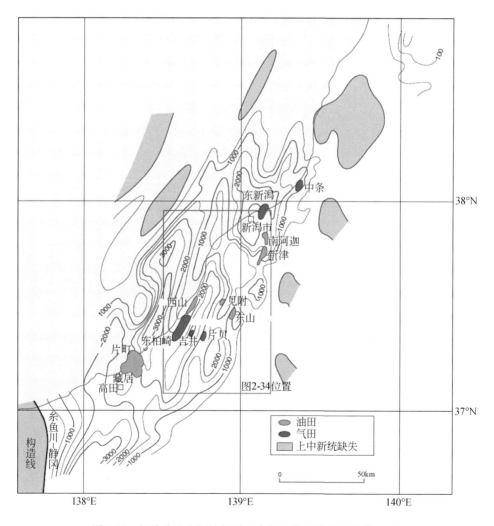

图 2-33 新潟盆地主要油气田上中新统等值线图（单位：m）

（二）盆地油气勘探开发史

新潟盆地的油气发现于1880年，人们根据渗出地表的油气发现了三个油田，储层为中新统砂岩和凝灰质砂岩，垂直深度小于1000m（表2-3）。这几个油气田发育于背斜中，直到20世纪50年代后期还是日本主要的能源供给地，生物气聚集在浅层更新统的砂岩和砾岩中。到60年代末期，在中新统中还不断地发现油气，储层包含裂缝式的安山质熔岩、凝灰质砂岩、凝灰岩和角砾岩，这些油田在80年代末期趋近枯竭。1984年，发现南长冈气田（图2-34），其位于长冈市的南长冈背斜内，储层为中新统流纹岩。

表2-3　新潟盆地主要油气田

油田名称	背斜	流体	API	发现年份	累计产量/10⁴bbl（10⁴m³）	生产层位	岩性	储层深度（垂深）/m
西山	椎谷	油	39	1883	1900（196300）	椎谷–寺泊组	凝灰质砂岩	400~900
东山	东山	油	26	1883	780（196300）	椎谷–寺泊组	砂岩	400~700
新津	新津	油	18	1896	1940（197100）	金津组	凝灰质砂岩	50~850
片町		油		1958		寺泊组	凝灰质砂岩	400~1600
藏居		油		1958		寺泊组	凝灰质砂岩–凝灰岩	500~1900
见附	见附	油、气	37	1958	980（197100）	七谷组	凝灰质砂岩–凝灰岩	1500~2000
东–新潟		凝析气	50~54	1959	1360（200100）	西山组	英安岩、英安质凝灰岩、角砾岩	1200~3000
片贝	片贝–亚光	凝析气	50	1960	260（200100）	西山组	安山质集块岩	800
中条		气		1961		西山–椎谷组	砂岩	800~2000
南–阿伽		油	39	1964	1570（200300）	椎谷组	凝灰质砂岩	2250
吉井	妙法	凝析气	56~62	1968	1200（200300）	七谷组	安山岩、安山质凝灰岩、角砾岩	2600
东柏崎	妙法	凝析气	62	1969	1000（200300）	七谷组	安山岩、安山质凝灰岩、角砾岩	2600
妙法	妙法	凝析气		1969		七谷组	安山岩、安山质凝灰岩、角砾岩	2600
南长冈	南长冈	凝析气	56	1984	530（200300）	七谷组	安山岩、安山质凝灰岩、角砾岩	3800~5000

（三）盆地构造

新潟盆地大部分陆上区域被中新统基底岩石包围，向南和西南方向与海沟（Fossa Magna）相连，南部边界为南西向穿过本州岛中部的糸鱼川–静冈（Itoigawa-Shizuoka）构造线，西部边界为茶道（Sado）隆起，东部和东南边界较规则，分别为越后

（Echigo）山脉和柴田 – 小出（Shibata-Koide）构造线，东北部边界为信浓川（Shinanogawa）断裂带西倾的逆断层。盆地内发育多个北北东向的背斜，部分背斜长度大于 30km（图 2-34，图 2-35）。

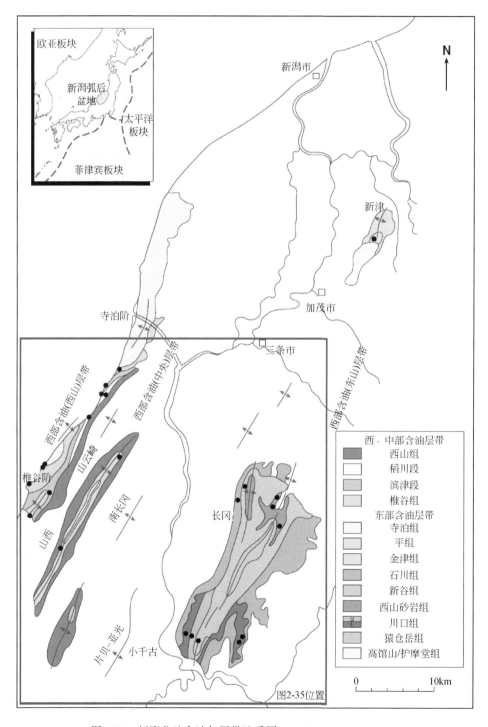

图 2-34　新潟盆地含油气层带地质图（Kodama et al.，1985）

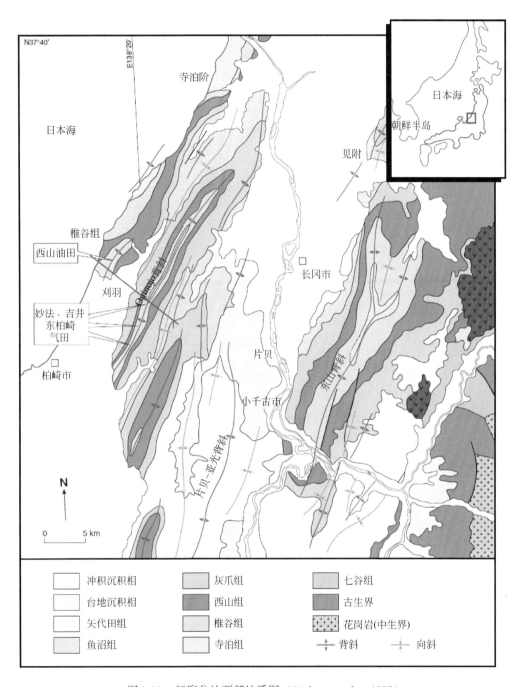

图 2-35　新潟盆地西部地质图（Kodama et al.，1985）

（四）沉积充填特征

日本位于几大板块汇聚之处（欧亚、太平洋和菲律宾海板块）（图2-34），中生代—新生代岩浆活动频繁。基底包括少量古生界变质岩和花岗岩，岩浆可能在白垩纪时侵

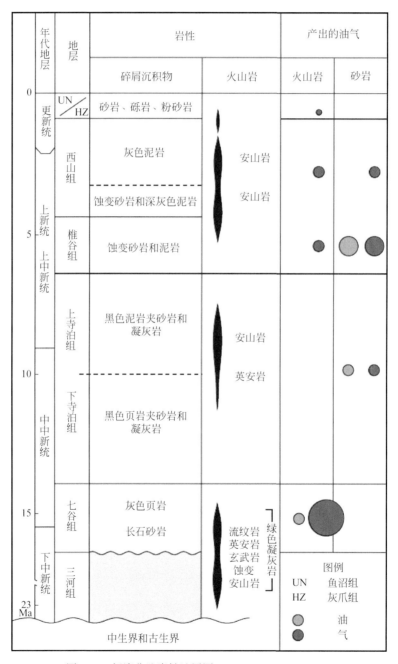

图2-36　新潟盆地岩性地层图（Kodama et al.，1985）

入，在早中新世晚期至中中新世早期，基岩上覆不整合砾岩和砂岩，之后充填了海底熔岩和下七谷组（Lower Nanatani）火山碎屑岩，为盆地主力储层。上覆 800m 厚的上七谷组（Upper Nanatani）泥岩，为盆地的主力烃源岩之一。渐新世，火山活动持续发生，发育广泛的火山灰岩地层，该地层为很好的区域标志物。中中新世，深层海相环境形成，沉积了远源浊积岩（泥岩）和寺泊组（Teradomari）酸性凝灰岩，其中的泥岩是盆地的主要烃源岩之一（图 2-36）。在东部含油带，同期的猿仓岳组（Sarukuradake）发育黑色泥岩、安山质角砾岩或凝灰岩以及安山质熔岩和火山碎屑岩的复杂互层（图 2-37）。中新世末期—上新世初期，深层海相沉积持续进行，形成粗粒近源浊积岩与泥岩薄互层［椎谷阶（Shiiya）］结构。古水流数据指示海底扇河道水主要向北或西北流动，向着古水流的方向浊积岩层变薄变细。在东部含油带，沉积了新谷组（Araya）黑色泥岩和薄浊积岩、安山质熔岩和角砾岩夹层，局部发育有厚度不同的粗粒近源浊积岩，其中部分含有东山组（Higashiyama）细粒、远源浊积岩单元。

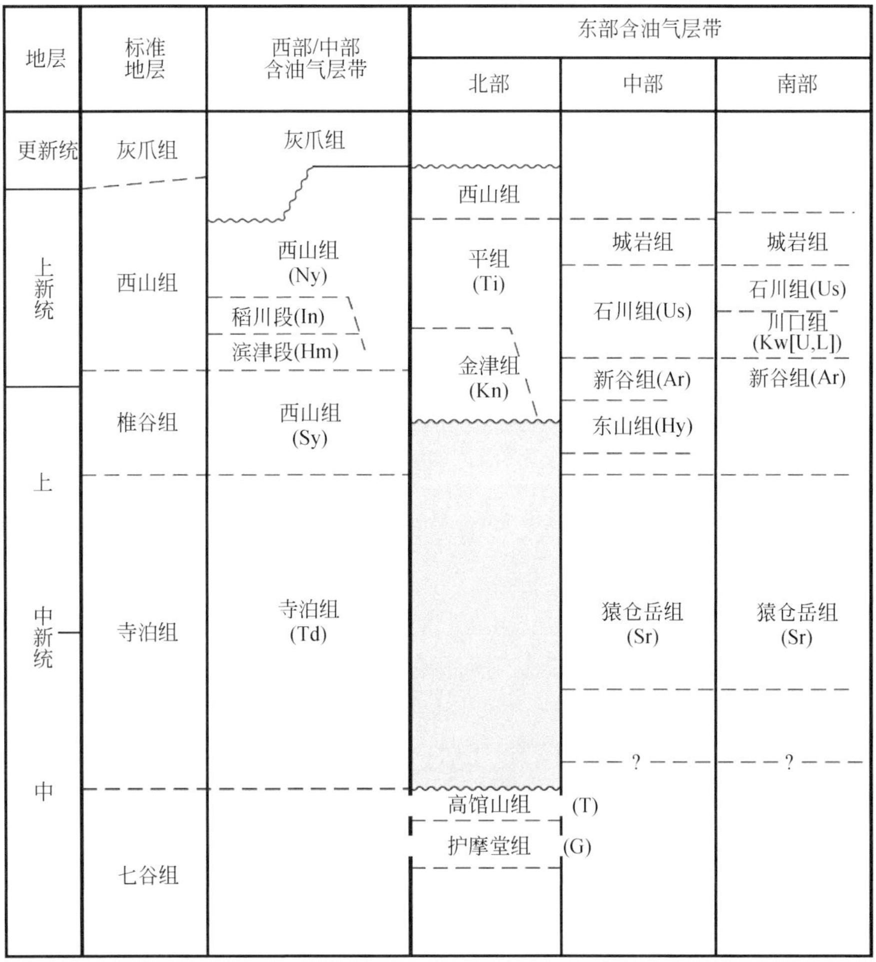

地层	标准地层	西部/中部含油气层带	东部含油气层带		
			北部	中部	南部
更新统	灰爪组	灰爪组	西山组		
上新统	西山组	西山组(Ny)	平组(Ti)	城岩组	城岩组
		稻川段(In)			石川组(Us)
		滨津段(Hm)		石川组(Us)	刀口组(Kw[U,L])
			金津组(Kn)	新谷组(Ar)	新谷组(Ar)
上	椎谷组	西山组(Sy)		东山组(Hy)	
中新统	寺泊组	寺泊组(Td)		猿仓岳组(Sr)	猿仓岳组(Sr)
				?	?
中	七谷组	高馆山组 (T)			
		护摩堂组 (G)			

图 2-37　新潟盆地西、中和东部含油气层带中–上新统命名

古水流测量表明这些砂岩在南部生成，向北和东北迁移，椎谷组（Shiiya）及同期地层是盆地的主力储层。

深海相环境持续到早上新世—更新世初期，沉积了西山组（Nishiyama）粉砂岩和酸性–中性火山岩。在西部和东部含油带，盆地内的泥岩和粉砂岩层之上沉积了滨津段（Hamatsuda）和稻川段（Inagawa），石川组（Ushigakubi）和川口组（Kawaguchi）浊积砂岩层系。东西走向的挤压运动在中新世末期开始，在晚上新世和更新世达到高峰，产生一系列褶皱和逆冲断层，北向和北北东走向的背斜渐进发育，盆地内的很多圈闭在这个时期形成。现今，一些背斜仍然在上升，如每年上升2.8mm的妙法（Oginojo）背斜，挤压运动也造成了近代的几次地震活动。到更新世，盆地大部分西山阶（Nishiyama）上覆不整合陆相和浅海相砾石、砂岩、泥岩和凝灰岩（Haizume/Uonoma群），沉积相为向西北浅海进积的扇三角洲。

（五）烃 源 岩

新潟盆地的油气生成于七谷组（Nanatani）上部和寺泊组（Teradomari）下部的烃源岩，TOC含量为0.8%~1.3%，有机质类型为Ⅱ型干酪根（少量Ⅲ型），烃源岩演化程度为成熟，石油存储于2500~3500m的地层中。

上七谷组（Upper Nanatani）的泥岩在晚中新世—早上新世进入生油窗，下寺泊组（Lower Teradomari）在中–晚上新世达到成熟，生成的油在上新世时期运移。

更新世，埋深约4000m的下部烃源岩段开始生成天然气，其生气活动可能一直持续至今。埋深在4500~5000m的下七谷组（Lower Nanatani）火山岩储层的石油也有可能热裂解为天然气和凝析气。晚更新世，石油在浅部的烃源岩层生成，主要聚集在许多新形成的小构造中，如椎谷组（Shiiya）的近源浊积岩储层中。可能是由于大多数背斜经后期剥蚀，椎谷组（Shiiya）和西山组（Nishiyama）圈闭被破坏。

（六）构造与圈闭

新潟盆地的含油气带范围长约150km，宽约30km（图2-33），储层深50~5000m，大多分布在背斜中（表2-4）。北北东走向的逆冲背斜群形成于晚上新世—更新世的挤压作用。它们通常呈现不对称形态，在东部或西部侧翼上有次垂直倾角，局部发育有北东东走向的正断层。浅层总体构造与深层不同，油气有可能形成于上七谷组（Upper Nanatani）或寺泊组（Teradomari）的泥岩中（图2-38）。深部的下–中中新统七谷组（Nanatani）储层被描述为地垒断块，形成于中中新世，发育有大量的熔岩和火山碎屑沉积，之后被埋藏而形成圈闭。部分地区，圈闭发育于年轻的地层中，这些地层含有砂岩夹层，储层均有裂缝发育。

盆地内许多油田沿大背斜分布，形成西部、中部和东部含油气带（图2-34）。西部含油带包括位于椎谷（Shiiya）背斜上的西山（Nishiyama）油田，中部含油带位于Oginojo背斜，包括东柏崎（Higashi-Kashwazaki）气田、吉井（Yoshii）气田和妙法

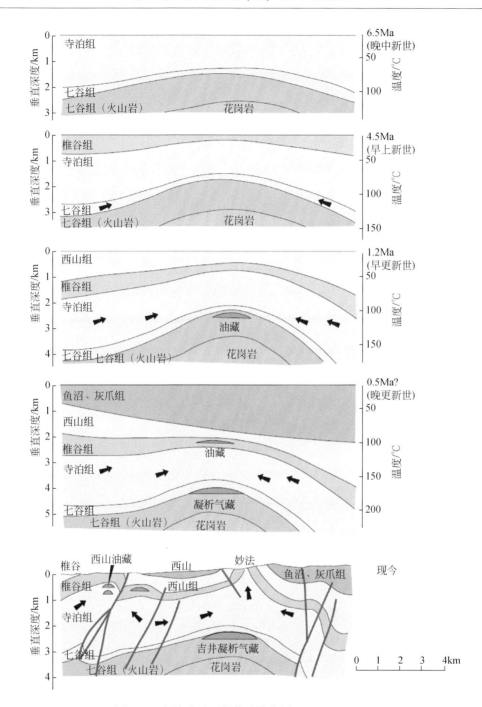

图 2-38 新潟盆地西部构造演化图（Suzuki，1990）

（Myohoji）气田，东部含油带位于东山（Higashiyama）和新津（Niitsu）背斜，包括东山（Higashiyama）油田和新津（Niitsu）油田。其他油田位于这些大背斜之间，如见附（Mitsuke）油气田、片贝（Katagai）油田和南长冈（Minami-Nagaoka）油田（图 2-35）。基本上每个背斜内都有一个含油气圈闭，由上覆泥岩或孔隙发育不好的凝灰岩封盖。

石油一般发现于较新的地层，而凝析气多数发现于最老的七谷组（Nanatani）。

在近地表处，Oginojo背斜的长度大于30km，西侧翼近乎垂直，东侧翼倾角也很陡。七谷组（Nanatani）的"绿色凝灰岩"储层，产油气区长约16km，宽约2.5km，背斜顶部垂深2400m，气水界面垂深2700m，气柱高度达300m。西北侧翼倾角约为20°（图2-39）。东柏崎（Higashi-Kashiwazaki）气田、吉井（Yoshii）气田和妙法（Myohoji）气田位于背斜的西南部（图2-40，图2-41）。

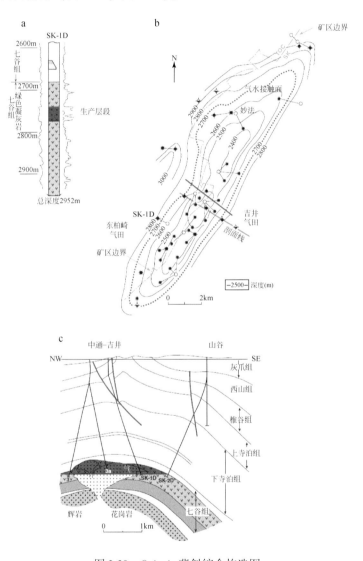

图2-39　Oginojo背斜综合构造图

a. SK-1D井储层电测曲线（SP和有关曲线）；b. "绿色凝灰岩"储层顶深
构造图（七谷组）；c. 北西–南东向背斜中部的构造剖面

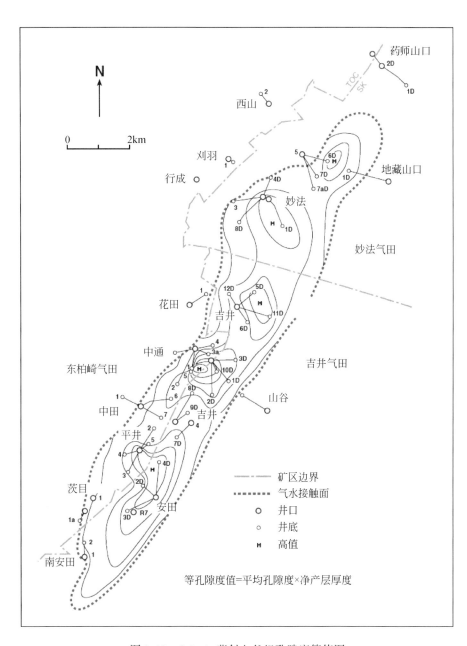

图 2-40　Oginojo 背斜七谷组孔隙度等值图

图中的高值区域与火山岩含量正相关（图 2-41）

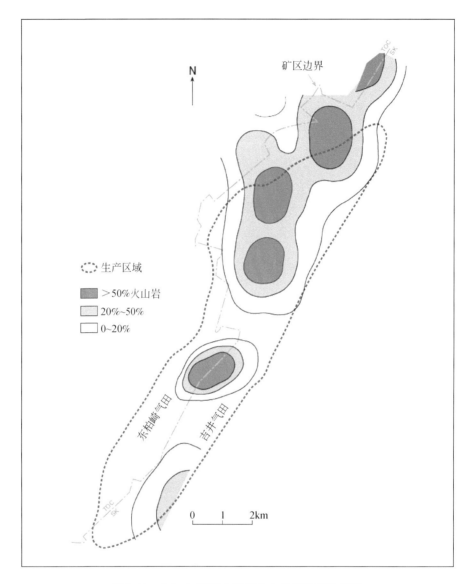

图 2-41　Oginojo 背斜七谷组火山岩百分率分布图

在七谷组（Nanatani）"绿色凝灰岩"储层中，见附（Mitsuke）油气田长约 3km，宽约 1km，脊部垂深约 1600m，油柱中有一个薄气层（图 2-42）。南东翼的构造倾角为28°，北西翼的倾角为 13°，被几条北西向断层切割。中中新世发育的熔岩、凝灰岩和火山碎屑岩沉积物构成了一个贯穿于新近系和第四系的构造高部位。

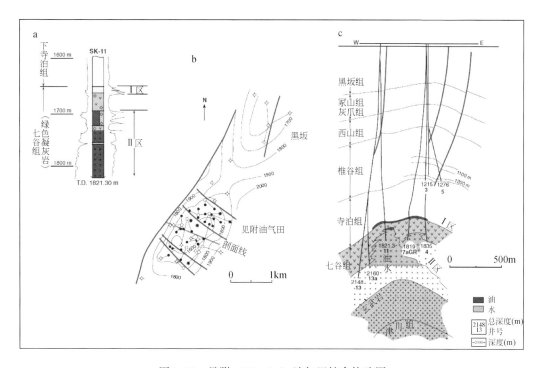

图 2-42　见附（Mitsuke）油气田综合构造图

a. SK-11 井储层电测曲线（SP 和有关曲线）；b. "绿色凝灰岩"储层顶

深构造图（七谷组）；c. 北西-南东向背斜中部的构造剖面

Katagai-Matto 地表背斜长约 30km。其东侧翼近垂直，西侧翼较平缓。南部西侧翼陡峭，东侧翼舒缓。在深部，片贝（Katagai）气田中可见较浅的西山组（Nishiyama）储层，该油田的高产区为一个背斜，长约 4km、宽约 1km，西部和东部的侧翼倾角约 35°。背斜顶部位于垂深约 800m 处，气水界面位于垂深约 950m 处，气柱高约 150m。一条北东向断层切割了构造体的北部（图 2-43）。深部的气藏在较低的七谷组（Nanatani），垂直深度约为 4000m。南长冈（Minami-Nagaoka）气田垂直深度 3800～5000m，气柱高约 800m。

（七）地层与沉积相

新潟盆地的油气聚集于新近系的砂岩、凝灰质砂岩和火山岩储层中。最老的储层位于下-中中新统的七谷组（Nanatani），上覆不整合接触的寺泊组（Teradomari），在寺泊组（Teradomari）也发育有储层。上部储层位于上中新统的椎谷组（Shiiya）和上新统西山组（Nishiyama），为整合接触（图 2-36）。生物气存储于更新统砂岩和砾岩之中。

在新潟盆地，下七谷组（Lower Nanatani）厚 380～1000m。包括砾岩和砂岩，上覆有流纹岩、英安岩、安山质熔岩、集块岩、凝灰角砾岩和玄武岩，但是没有形成储层。该盆地的凝灰岩呈绿色，因此以"绿色凝灰岩"闻名，也广泛分布在日本其他盆地。

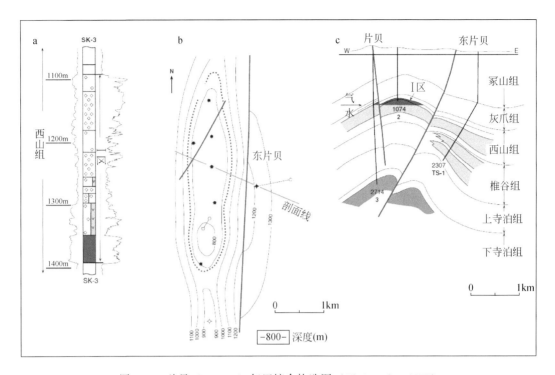

图 2-43 片贝（Katagai）气田综合构造图（Ukai et al.，1972）

a. SK-3 井储层电测曲线（SP 和有关曲线）；b. 西山组Ⅰ区顶深构造图（七谷组）；c. 北西–南东向背斜中部的构造剖面

南长冈（Minami-Nagaoka）气田的六个产气区都和七谷组（Nanatani）地层有关，每一个产气区都是一个单独的火山体（图 2-44）。流纹岩也根据岩相特征被分为 A ~ D 四个单元（图 2-45）。

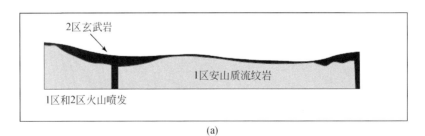

(a)

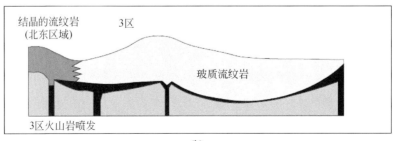

(b)

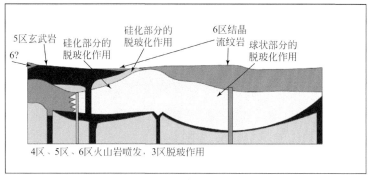

(c)

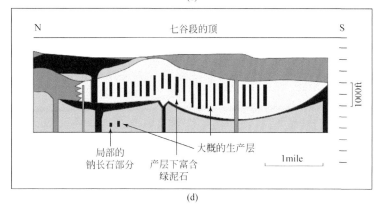

(d)

图 2-44 南长冈气田七谷组构造演化图

1mile＝1609m；1ft＝0.3048m

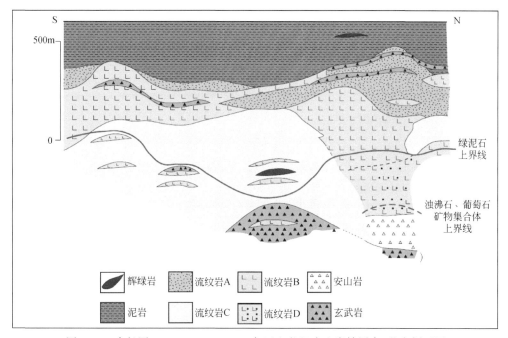

图 2-45 南长冈（Minami-Nagaoka）气田七谷组火山岩储层南–北向剖面图

与图 2-44 中的 3 区相对应

在西部油气带，寺泊组（Teradomari）的厚度大于350m，包含暗灰色–黑色泥岩和薄互层混积岩，厚达30m，还有一些酸性凝灰岩，厚约10m。椎谷组（Shiiya）包含一套粗粒近端浊积岩序列，厚达2m，与浅色–暗灰色的泥岩互层。椎谷组厚度超过1000m，单个砂体的厚度超过了中部油带的砂体，中部厚约400m。西山组（Nishiyama）由浅灰色–灰绿色粉砂岩、酸性–中性的泥灰岩互层组成。西山组在中部和西部油带达400m厚，南部和东部变薄。新潟盆地大多数地层由当地特色的名称命名（图2-37）。

（八）储层结构

七谷组（Nanatani）角砾岩体和熔岩体的分布呈锯齿状几何形态（图2-44）。Oginojo背斜和见附（Mitsuke）油气田井中的不同压力显示其储层具有非均质性（图2-39，图2-42）。在Oginojo背斜，发育有小规模的安山质熔岩区域，比其他部位有更高的产能（图2-40，图2-41）。此外，由于拥有更好物性和裂缝系统（图2-39a），气并不产自七谷组（Nanatani）的顶部，而是来自中下部层段。南长冈（Minami-Nagaoka）气田产层平均厚度大于500m，由于油田南部的玻质流纹岩层段发育大量溶解性溶蚀孔隙和天然裂缝，因此高产。油田北部区域，由于经历了硅化作用，孔隙被完全或部分填充，连通性变差，没有类似的高产储层。

（九）储层性质

七谷组（Nanatani）的火山岩储层以南长冈（Minami-Nagaoka）气田最为典型，主要为流纹岩（A～D）和安山岩（表2-4，图2-45）层系。由于热液蚀变和热液角砾化作用，加之大部分流纹岩含有成岩绢云母（伊利石）、钠长石、石英和白云石，表明火山岩储层被强烈改造。储层上覆七谷组（Nanatani）和寺泊组（Teradomari）沉积物，在这些上覆的沉积岩上没有发现同样的蚀变。流纹岩中一些孔洞内的方铅矿、黄铁矿表明热液来自深层岩浆体。

七谷组（Nanatani）火山岩的总有效孔隙度为15%～20%，最好的储集岩是枕状角砾岩和熔岩。一般情况下，基质原生孔隙的渗透率太低而不能提供足够的产能，产能主要取决于微小的次生裂缝。虽然原生孔隙是粒间孔和晶间孔，但是中等和小尺寸的次生孔隙在总孔隙中扮演重要角色。南长冈（Minami-Nagaoka）气田的孔洞直径是几毫米，充填有自生石英和钠长石，自生矿物的晶体之间存有直径为数十微米的微孔隙。由于在热液蚀变期间被自生石英交代，玻质流纹岩C发育有晶洞和微孔隙。而流纹岩A的自生绢云母含量高，通常储层物性较差（图2-45，表2-4）。角砾岩和熔岩席的渗透率为0.1～10mD，玻质碎屑岩的渗透率小于0.1mD。

表 2-4 南长冈气田七谷组火山岩组分表

岩石类型	子类型	组分
流纹岩 A	玻质碎屑岩；浮石质、玻璃质凝灰岩	蓝色–绿色绢云母玻璃或浮石碎屑，较小的斜长石晶体。高度成岩的黏土成分
流纹岩 B	隐晶熔岩	浅灰色的、白色/褐色的、脱玻基质，较小的长石和石英斑岩。低成岩的黏土成分
流纹岩 'B'	隐晶熔岩	比 B 型流纹岩轻微偏碱性
流纹岩 C	珍珠熔岩	浅淡绿色/粉红色，脱玻和珍珠基质，较小的斜长石斑晶岩。低成岩黏土成分，高成岩石英成分
流纹岩 D	球状熔岩	多样化的 B 型流纹岩
安山岩	隐晶熔岩	斜长石晶斑岩和斑状晶体斜长石
玄武岩	球粒熔岩和玻质碎屑岩	稍黑/稍绿–棕色的，斜长石晶斑岩和板状晶体斜长石，被蒙脱石和绿泥石交代的镁铁矿

七谷组（Nanatani）火山岩的裂缝发育在熔岩和枕状角砾岩中，主要归因于海水的快速冷却作用，也可能受到上新世—更新世的构造活动作用。在南长冈（Minami-Nagaoka）气田，一些裂缝因压实和重结晶等共同作用而封闭。在片贝（Katagai）气田，由于受到更新世褶皱变形运动而引起的张性应力的影响，较浅的西山组（Nishiyama）的裂缝更为发育。

（十）新潟盆地最著名的油气田

吉井–东柏崎在日本柏崎市东北 10km 处，属新潟盆地西山–中央油气区，构造形状为一狭长的背斜。其西北高点为日本帝国石油公司的东柏崎气田，东南高点为日本石油资源开发公司的吉井气田（图 2-39）。背斜长约 16km，宽约 3km，含气面积 27.8km^2，可采天然气储量 $1500 \times 10^8 m^3$。储层为新近系的"绿色凝灰岩"。

吉井–东柏崎火山岩气田的储层中孔隙和裂隙都很发育。既有原生的裂隙，即熔岩爆发时的气孔及熔岩、冷却产生的裂隙，还有次生裂隙，如构造裂隙及溶蚀作用形成的孔隙。裂隙主要起连通气孔、溶蚀孔及其他储集空间的作用。

火山岩储层的有效厚度为 5~57m，孔隙度 7%~32%，渗透率 5~150mD，孔隙与裂缝之间有着很好的连通性，这种良好的物性条件使该气田的产量居日本陆上气田之首。但其储层物性的非均质性很强，这种"绿色凝灰岩"气层产能的高低主要与次生孔隙及裂缝发育程度有关，次生孔隙、裂缝不发育的凝灰岩孔渗性能差，产能低。

第三节 含油气盆地的分布

从国外储量排名前 14 的火山（成）岩油气藏特征来看，分布地层时代性和地域性均很强，地层年代主要为寒武系、三叠系、白垩系、侏罗系、古近系—新近系 5 套地层，地域上主要分布在环太平洋地区、地中海地区和中亚地区。这与特定时代构造活动、盆地断陷裂谷形成和火山作用密切相关。环太平洋构造域形成时代较新，火山活动频繁，火山岩分布面积广，岛弧及弧后裂谷发育，火山岩与沉积盆地具有良好的配置关系，是全球火山岩油气藏最富集的区域，其从北美的美国、墨西哥、古巴到南美的委内瑞拉、巴西、阿根廷，再到亚洲的中国、日本、印度尼西亚，总体呈环带状展布。晚古生代形成的古亚洲洋构造域在中亚地区分布广，后期被中新生代发育的陆相含油气层覆盖，形成叠合盆地，保存相对完好，具备新生古储的良好成藏条件，是全球今后火山岩油气藏的第二个有利前景区，目前已在格鲁吉亚、阿塞拜疆、乌克兰、俄罗斯、罗马尼亚、匈牙利等国家发现了火山岩油气藏。环地中海位于特提斯洋的西端，构造活动与裂谷形成及火山活动具有一致性，具备火山岩油气成藏背景，如北非的埃及、利比亚、摩洛哥及中非的安哥拉，均已发现火山岩油气藏，也是今后寻找火山岩油气藏的重要区域。

火山（成）岩油气藏储集层岩石类型以玄武岩、花岗岩、凝灰岩和流纹岩为主，且中–基性岩占半数（图2-46，表2-5）。

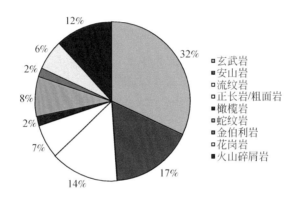

图2-46 全球火山（成）岩油气藏岩性分布

表2-5 全球已发现火山（成）岩油气藏岩性分布统计表（姜洪福等，2009）

岩石类型	比例/%
玄武岩	32
安山岩	17
流纹岩	14
正长岩/粗面岩	7
橄榄岩	2
蛇纹岩	8
金伯利岩	2
花岗岩	6
火山碎屑岩	12

从运动学和板块构造学的角度来看，火成岩油气藏一般分布在弧后盆地、裂谷盆地（表2-6）。本书涉及的盆地中，属于裂谷构造背景的有：布劳斯盆地、九龙盆地、

奥兰治盆地、三叠盆地和萨利莫斯盆地；属于岛弧构造背景的有：爪哇盆地、南苏门答腊盆地、内乌肯盆地、Austral 盆地、库拉盆地和新潟盆地。第三章将详细介绍火山（成）岩的盆地背景。

表 2-6　世界典型含火山（成）岩油气藏盆地简表

序号	盆地	盆地类型	油气田	流体性质	储量（油，t；气，m³）	储层岩性
1	爪哇	岛弧	贾蒂巴朗	油、气	$5.91×10^8$t，$850×10^8$m³	凝灰岩
2	布劳斯	陆缘裂谷	Scott Reef	油、气	$1795×10^4$t，$3877×10^8$m³	溢流玄武岩
3	九龙	陆缘裂谷	白虎、龙、Rang Dong、Ruby 和 Su Tu Den	油	$2.976×10^8$t	花岗岩
4	南苏门答腊	岛弧	Suban	气	$1698×10^8$m³	花岗岩
5	奥兰治	陆缘裂谷	Kudu	气	$849×10^8$m³	玄武岩
6	内乌肯	岛弧	25 de Mayo-Medanito、Barranca de los laros、Cerro Bandera	油	$0.651×10^8$t	流纹岩、凝灰岩
7	Austral	岛弧	Oceano、Campo Bremen、Cerro Norte	油、气	单井累计产量 $3.95×10^8$～$14.40×10^8$m³	流纹岩、凝灰岩
8	萨利莫斯	陆内克拉通裂谷	Urucu area	油、气	$1567×10^4$t，$330×10^8$m³	辉绿岩岩床
9	三叠	陆内克拉通裂谷	Ben Khalala/Haoud Berkaoui	油	>$3400×10^4$t	玄武岩
10	库拉	岛弧	萨姆戈里、穆拉德汉雷	油	>$2260×10^4$t	凝灰岩、安山岩、流纹岩、玄武岩
11	新潟	岛弧	吉井-东柏崎	气	$150×10^8$m³	"绿色凝灰岩"

第三章 盆地背景

第一节 盆地的板块构造背景

火山（成）岩油气藏广泛分布于地球上五大洲20多个国家200余个盆地或区块内（图3-1），目前日本、阿根廷、印度尼西亚、澳大利亚、越南、新西兰、巴基斯坦、美国、墨西哥、巴西、委内瑞拉、古巴、俄罗斯、格陵兰、格鲁吉亚、阿塞拜疆、意大利、阿尔及利亚、加纳、纳米比亚、刚果（布）等诸多国家已经开发出一定规模的火山（成）岩油气藏。从板块构造学的角度来看，储量较大的火山（成）岩油气藏多分布在环太平洋构造域（表3-1），国外储量排名前14的火山（成）岩油气藏中，有8个位于该地区，其中探明储量超过1×10^8t的火山（成）岩油气藏均位于该构造域、探明储量超过5000×10^4t的火山（成）岩油气藏中的半数也在这个构造域内。

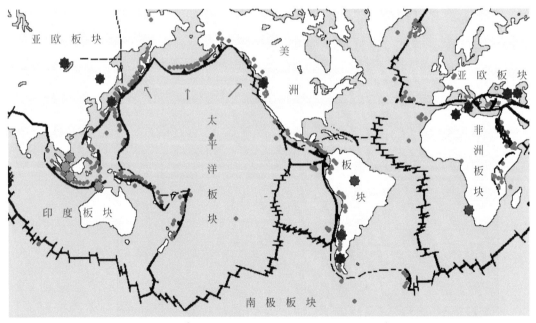

● 探明储量 > 1×10^8t油气当量　　● 探明储量为 $1 \times 10^8 \sim 0.5 \times 10^8$t油气当量　　● 探明储量 < 0.5×10^8t油气当量

图3-1　板块与典型火山（成）岩油气藏分布

表 3-1 板块与火山（成）岩油气藏分布

盆地	盆地面积/km²	油气田	储量/10⁸t（油当量）	流体性质	构造背景	平面分布区域
西北爪哇	22×10^4	贾蒂巴朗	6.696	油、气	岛弧	东南亚
布劳斯	21.3×10^4	Scott Reef	3.785	油、气	裂谷	东南亚
九龙	2.5×10^4	白虎	1.96	油	裂谷	东南亚
南苏门答腊	12.6×10^4	Suban	1.58	气	岛弧	东南亚
奥兰治	13×10^4	Kudu	0.789	油、气	裂谷	西非被动大陆边缘
内乌肯	16×10^4	25 de Mayo-Medanito	0.651	油、气	岛弧	南美安第斯带
萨利莫斯	60×10^4	Urucu	0.471	油、气	裂谷	南美内陆
三叠	35×10^4	Ben Khalala、Haoud Berkaoui	0.34	油	裂谷	北非内陆
库拉	9.5×10^4	穆拉德汉雷	0.28	油	岛弧	小高加索
		萨姆戈里	0.226	油		
新潟盆地	5.6×10^4	吉井–东柏崎	0.14	气	岛弧	太平洋西边缘
Austral	23×10^4	Campo Bremen/Oceano Cerro Norte	单井最高累计产量 $14.4\times10^8\,\mathrm{m}^3$	油、气	岛弧	南美安第斯带

按照板块之间的接触关系，汇聚型板块边界产生岛弧地质系统，离散型板块边界产生裂谷地质系统。储量超过 5000×10^4t 油当量的油气藏中，属于岛弧地质背景的，有印度尼西亚贾蒂巴朗油气田（储量 6.696×10^8t）、Suban 气田（储量 1.58×10^8t）、阿根廷 25 de Mayo-Medanito 油气田（储量 6510×10^4t）；属于裂谷地质背景的，有澳大利亚 Scott Reef 油气田（储量 3.785×10^8t）、越南白虎油田（储量 1.96×10^8t）、纳米比亚 Kudu 气田（储量 7890×10^4t）和巴西 Urucu 油气田（储量 4710×10^8t）。环太平洋构造域为汇聚型板块系统，其内部的火山（成）岩油气藏多与岛弧构造系统有关。而非洲西海岸为典型的离散型板块系统，其发育的火山（成）岩油气藏多与裂谷构造背景有关。

一、岛弧背景

岛弧以山地为主，外临深海沟（图3-2）。以西太平洋岛弧最为典型，分南北两段：北段由千岛群岛、日本群岛、琉球群岛、台湾岛和菲律宾群岛构成，面向太平洋，为东亚太平洋岛弧；南段由安达曼群岛、尼科巴群岛、苏门答腊岛、爪哇岛和努沙登加拉群岛组成，向印度洋突出，称印度洋巽他岛弧。两段岛弧在苏拉威西岛衔接。西太平洋岛弧处在太平洋板块、亚欧板块和印度洋板块的嵌合带，地壳不稳定，多火山地震。据统计，全世界有活火山 500 余座，一半以上集中在该岛弧带；全球地震能量的

95%也在此释放。频繁的火山活动引起的岩浆喷发，使岛弧带成为世界上矿产最丰富的地区。岛弧分为：①内岛弧。靠陆一侧，是大洋板块与大陆板块接触带，火山和地震集中于此。②外岛弧。近大洋一侧，无火山地震带。本书所关注的含大型火山（成）岩油气藏的岛弧有以下三个。

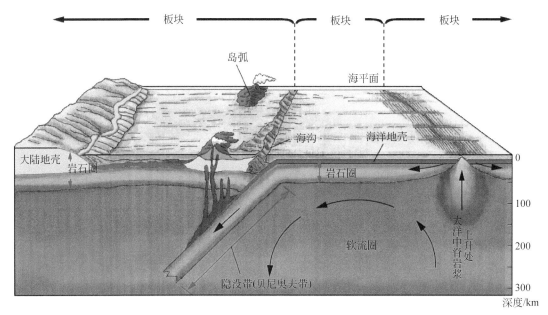

图 3-2　岛弧形成示意图

（一）西太平洋岛弧

西太平洋岛弧是太平洋板块向亚欧板块和菲律宾板块俯冲（阿留申群岛是向北美板块俯冲），或菲律宾板块向亚欧板块俯冲形成的。这两个大洋板块俯冲时向下弯折剧烈，与上层板块形成低应力的松耦合，这种类型称为马里亚纳型俯冲边界。马里亚纳型俯冲阻力小，速度大。部分下层板块物质刚进入上层板块下方时由于热与水的共同作用形成中酸性岩浆，岩浆上升喷出形成火山从而造就一系列火山岛弧（图 3-3）。但由于速度大，相当多的板块物质没有立即形成岩浆而是继续俯冲，到更深处时在缺水状态下受高热作用形成基性岩浆，基性岩浆上涌，在岛弧后方形成次级洋壳扩张带，导致岛弧后方地壳为大洋型地壳，坳陷成为弧后盆地（图 3-3）。

（二）高加索岛弧

大、小高加索岛弧并不处于地球六大板块交界处，但是有可能处于大板块内部的小型板块（或叫地块）交界处。于晚白垩世—始新世特提斯洋板块俯冲到高加索岛地块之下形成。

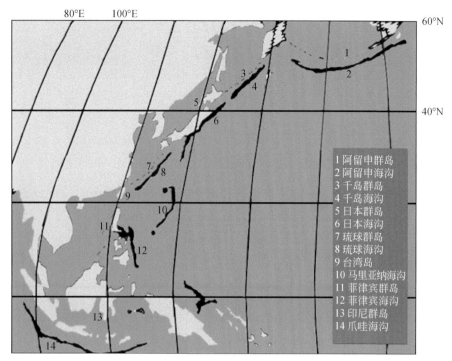

图3-3 西太平洋岛弧分布图

（三）南美西部安第斯陆缘弧

南美和中美的太平洋沿岸山地是由南极板块、纳斯卡板块和科科斯板块俯冲形成的。其中南极板块、纳斯卡板块俯冲时难以向下弯折，而是与上层板块紧贴在一起，从而形成高应力的紧耦合，称为安第斯型俯冲边界。这种俯冲由于应力高，极容易引发大地震，也导致俯冲造山作用比马里亚纳型更强，所形成的山脉更高大。由于俯冲角度小，速度慢，板块物质大多都会在俯冲边界附近就形成中酸性火山岩浆带，而极少的物质会深入极深处以形成基性岩浆，最终形成陆缘弧（图3-4，图3-5）。

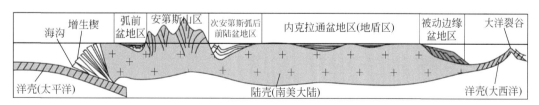

图3-4 拉丁美洲区域构造单元划分剖面

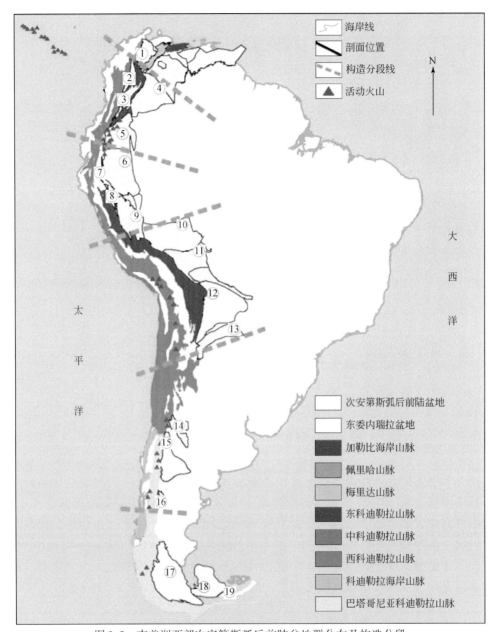

图 3-5　南美洲西部次安第斯弧后前陆盆地群分布及构造分段

①马拉开波盆地；②中马格达莱纳盆地；③上马格达莱纳盆地；④亚诺斯-巴里纳斯盆地；⑤普图马约盆地；⑥马拉农盆地；⑦圣地亚哥盆地；⑧华拉加盆地；⑨乌卡亚里盆地；⑩马德里的迪奥斯盆地；⑪贝宁盆地；⑫查科盆地；⑬白垩纪盆地；⑭库约盆地；⑮内乌肯盆地；⑯尼里胡奥盆地；⑰麦哲伦盆地；⑱马尔维纳斯盆地；⑲南福克兰盆地

二、裂 谷 背 景

在全球引张动力系统下形成的伸展构造体系主要有：大陆裂谷系、大洋中脊及其两侧的被动大陆边缘。从构造演化来看，伸展构造体系可以发育在威尔逊旋回各阶段，由各种作用所产生：①造槽作用，可以导致各种地槽形成，即形成裂谷，如莱茵地堑；②造盆作用，可以导致拗陷形成，即形成裂谷盆地，如刚果盆地；③造洋作用，当伸展作用进一步发展，大陆裂解可以形成海洋及大陆边缘，如西非与南美东部大陆边缘（图3-6）。

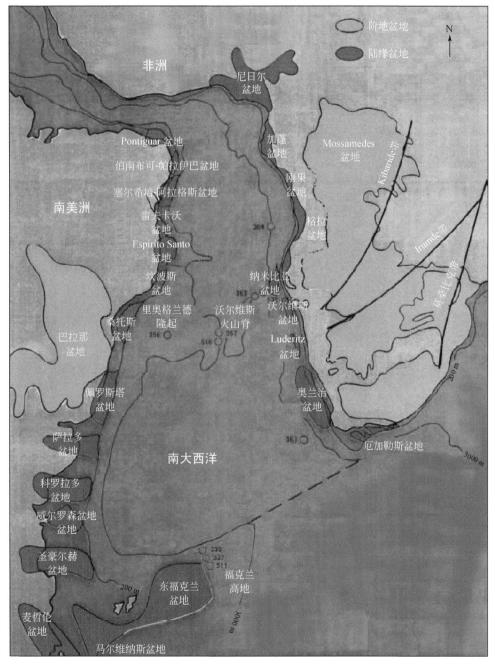

图3-6　南美、西非被动大陆边缘裂谷盆地分布图

第二节　盆地演化发展史

一、弧后盆地

　　与岛弧构造背景有关的火山（成）岩油气藏一般分布在弧后、弧后前陆含油气盆地，弧后盆地为日本的新潟盆地、印度尼西亚的爪哇盆地和南苏门答腊盆地、高加索的库拉盆地等。弧后前陆盆地为阿根廷的内乌肯盆地、Austral 盆地等。弧后盆地的形成是大洋板块向大陆板块之下俯冲的结果。俯冲作用在形成火山岛弧的同时，深部岩浆的上升以及所导致的对流，使岛弧后面的上覆地壳处于伸展构造状态。弧后地区的地壳首先经历岩石圈伸展，之后发展成为裂谷盆地。此类盆地发展演化过程与裂谷盆地一致，都经历前裂谷期、裂谷期和后裂谷期三个阶段，其中裂谷期包括裂谷早期和裂谷晚期。后裂谷期包括后裂谷早期和后裂谷晚期（图3-7）。下面以国外含大型火山（成）岩油气藏（探明储量超过 $5000 \times 10^4 t$）的盆地为例，从火山活动史、盆地演化史和沉积充填史三个方面来介绍盆地发展演化史。

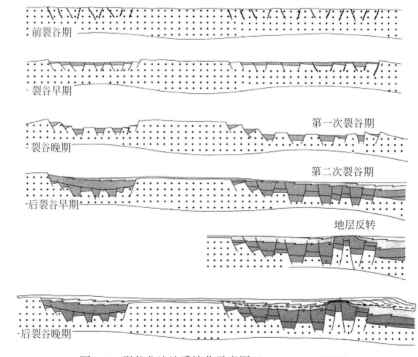

图 3-7　裂谷盆地地质演化示意图（Lee et al., 2001）

（一）新潟盆地

1. 火山活动及分布

新潟盆地形成于晚渐新世中期—中新世，其火山岩的活动时期分为 27 ~ 23Ma、19 ~ 16Ma、14Ma 三个阶段。基岩与火山岩的分布如图 3-8 所示。

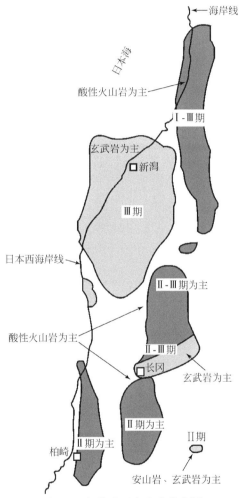

图 3-8　新潟地区火山岩分布图

新潟地区的火山岩，主要由酸性火山岩和玄武岩组成，Ⅰ期（27 ~ 23Ma）的酸性火山岩分布在新潟平原的东部和见附油田的局部地区，Ⅱ期（19 ~ 16Ma）的酸性火山岩在吉井–片贝周边最为发育，在长冈周边地区和新潟平原东部地区也有分布，Ⅲ期（16 ~ 13Ma）的酸性火山岩在长冈周边地区和北蒲原地区发育。

玄武岩发育在Ⅱ-Ⅲ期，吉井–片贝周边地区的玄武岩大部分是Ⅱ期活动的产物，在片贝周边地区东部有Ⅱ期的玄武岩及安山岩分布，在长冈周边可见Ⅱ期和Ⅲ期玄武岩，新潟平原北部-中部Ⅲ期玄武岩较发育，酸性火山岩较少（图3-8）。

基岩分布最深处在新潟平原北部、中部-长冈周边，深度为5000～6000m，在东西两侧地区深度为1000～3500m。

2. 盆地演化与沉积充填特征

由日本海的扩展作用而形成的南北向箕状构造（图3-9），从Ⅰ-Ⅱ期火山运动开始，这一时期形成的火山岩岩性为中性-酸性。朝日山地周边的Ⅱ期火山活动为断裂作用阶段发生的。Ⅲ期相当于日本海扩张阶段，这一时期断裂更加发育，在弧后沉降区充填有大量玄武岩，在隆起地区形成由玄武岩和酸性岩构成的二元火山机构。

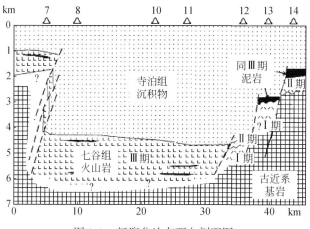

图3-9　新潟盆地东西向剖面图

新潟地区的地下火山岩中，Ⅰ-Ⅱ期的火山岩可能因断裂作用阶段发生的火山活动而形成，Ⅲ期的火山岩可能因日本海扩张阶段的火山活动而形成。在该地区，这两个阶段的断裂作用反复发生、相互影响。基岩最大深度较浅，在Ⅱ-Ⅲ期火山岩发育的地方，断裂形成正断层，基岩最大深度小于6000m，在新潟平原北部、中央部-长冈周边地区（基岩的正上方有Ⅲ期的厚层玄武岩和同时期泥岩沉积），因日本海扩张而形成地堑。

自古近纪以来，日本新潟盆地的火山运动频繁，火山岩在横向和纵向上分布广泛，中新世喷发的火山岩储层与海相泥质沉积物交互堆积，垂向上呈互层状，且厚度不大。

（二）西北爪哇贾蒂巴朗次盆地

1. 火山活动

贾蒂巴朗次盆地经历了两次岩浆、火山运动：

（1）白垩纪至古近纪的岩浆侵入作用形成的侵入岩，形成了爪哇大部分基底岩石。

（2）始新世时期，印度-澳大利亚板块与欧亚板块碰撞，引起巽他克拉通南部边缘的右旋扭动（图3-10），造成火山喷发。

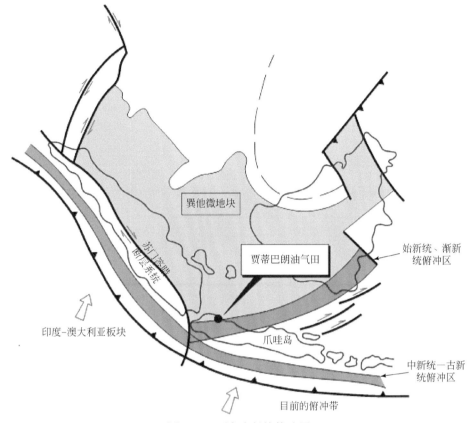

图 3-10 西印度板块构造图

渐新世时期，中国南海地区发生断陷，在加里曼丹北部加积，使主要伸展力变为东西方向，形成贾蒂巴朗次盆地中一系列南北向地垒和地堑。由于澳大利亚板块边缘（新几内亚）碰撞，结束了此次火山活动。

2. 盆地演化史与沉积充填特征

贾蒂巴朗次盆地是澳大利亚板块在古近纪俯冲到巽他大陆板块之下的过程中形成的弧后造山伸展盆地，贾蒂巴朗次盆地充填了约 3000m 厚的始新统—渐新统沉积物（图 2-4）。盆地演化与充填史如下。

（1）前裂谷期：晚白垩世，巽他地台陆缘碳酸盐岩和硅质碎屑岩发生区域变质作用，加之晚白垩世至古近纪的钙碱性侵入岩，共同形成了爪哇盆地的基底。

（2）裂谷期：始新世时期，印度-澳大利亚板块与欧亚板块发生碰撞，引起巽他克拉通南部边缘的右旋扭动。在贾蒂巴朗次盆地，第一期断陷伴随着非海相火山碎屑岩、湖相沉积物和熔岩的沉积（贾蒂巴朗组）充填活动。

渐新世时期，中国南海地区发生断陷，在加里曼丹北部加积，使主要伸展应力变为东西方向，形成贾蒂巴朗次盆地中一系列北南向地垒和地堑。澳大利亚板块边缘（新几内亚）碰撞引起火山活动停止，之后经历了一段时间的隆起与剥蚀，最后是渐新世—早始新世大范围海进层序的沉积，厚达 100 ~ 300m。在浅海和海岸沼泽环境中沉积充填了碳质泥岩、夹薄层砂岩、石灰岩和煤层，被称为 Talang Akar 组（也称为下 Cibulakan 组），该地层是贾蒂巴朗次盆地的主要油气来源。

（3）后裂谷期：早中新世，贾蒂巴朗次盆地构造活动停止，沉积物主要为 50 ~ 200m 厚的碳酸盐岩层，夹有少量泥灰岩和泥岩，沉积于浅海环境（Baturaja 组，也称为中 Cibulakan 组），这些沉积物演化成了富含 CO_2 的储层。早始新世末期德尔小断层的活化又引起 800 ~ 1000m 厚的大范围海退碎屑进入贾蒂巴朗次盆地（上 Cibulakan 组）。海相、内外陆架泥岩沉积物占多数，发育少量礁石灰岩夹层，随后发育透镜状浅海相砂岩。晚中新世，澳大利亚西北与 Sunda 海沟碰撞，350m 厚的石灰岩（Parigi 组）沉积在贾蒂巴朗次盆地，局部为一系列礁，也发育成了储层。上新世—更新世，含有薄层砂岩和石灰岩夹层的黏土岩（Cisubuh 组）沉积于海相环境，随着时间推移转变为陆相沉积，向南火山弧内加剧的构造活动使盆地整体向南倾斜。

贾蒂巴朗次盆地火山岩油气藏的储层发育在西部爪哇盆地的贾蒂巴朗期地层，与始新世的火山喷发相对应，发育于盆地的裂谷早期阶段。

（三）内乌肯弧后前陆盆地

1. 火山活动

安第斯构造带的火山岩从晚古生代开始到新生代几乎是连续喷发的，但各层段的喷发时间和岩性不完全相同。中生代时期，南段火山活动集中在晚侏罗世—晚白垩世，中段火山活动集中在晚三叠世—晚白垩世，北段火山活动集中在晚侏罗世—早白垩世；南段岩性以钙碱性的火山岩为主，北段则以拉斑玄武岩和蛇绿岩为主。新生代是火山活动更加频繁和强烈的时期，一直到现在，东太平洋火山带仍然活动。

2. 盆地演化史和沉积充填特征

内乌肯盆地是一个弧后多旋回沉积盆地，在古生代晚期—中生代为裂谷型盆地，新生代受板块碰撞影响演化为前陆盆地。

内乌肯盆地的形成与冈瓦纳大陆西部边缘构造变形作用有关。盆地演化可分为：裂谷期（晚三叠世—早侏罗世）、后裂谷期（早侏罗世—早白垩世）和前陆期（晚白垩世—新生代）3 个阶段。

（1）裂谷期（晚三叠世—早侏罗世）：此时期盆地的构造活动以大致平行于西部大陆边缘的走滑作用为主导，并形成了一系列细长、狭窄且独立的半地堑，并被一些侵入岩碎屑和火山碎屑充填。盆地自晚三叠世开始接受沉积，此时沉积中心位于北西-南东向半地堑中，充填了河流相、湖泊相沉积物和火山碎屑物（图 3-11a）等物质，并主要由 Pre-Cuyo、Cuyo 和 Lotena 3 个次旋回组成。Pre-Cuyo 次旋回为冲积扇-河流环境，物源主要为火山物质；Cuyo 次旋回包含冲积扇和边缘海沉积，富含浊流沉积形成的暗色页岩；Lotena 次旋回下部为河流相和风成沉积物质，顶面为厚层海相硬石膏岩层。

（2）后裂谷期（早侏罗世—早白垩世）：晚侏罗世时期，安第斯岩浆弧发育。弧后沉降导致了海相的扩张以及盆地洪水泛滥，下伏构造加剧了复杂古地貌的形成，控制了初期的沉积。这一时期是盆地发育的重要阶段，沉积了较厚且分布广泛的地层。因受沉降速率的变化、局部抬升以及海平面的相对变化的综合因素控制，形成了两个较大的海进–海退旋回。

下部沉积旋回始于晚侏罗世，终止于牛津期。沉积厚度在西部地区超过 2000m，在 Anelo 拗陷达到 2500m。早期的沉积为与地堑构造相关的陆相充填物质，主要为凝灰岩和湖相页岩。海水逐渐覆盖盆地整个中西部，并伴随浅水砂岩沉积。巴通阶灰黑色页岩为深水海相沉积，呈不整合覆盖在基底之上。在盆地西部，该页岩最大厚度超过 1200m，向东过渡为河流相砂岩（图 3-11b）。

经过牛津期末的侵蚀之后，上部旋回的海侵期开始于基末利期，沉积了较厚的砂岩，不整合覆于下部旋回或基底之上，厚度变化比较大，在盆地中西部其厚度大于 500m，在东北台地其厚度小于 1000m。西部发育了大面积的干盐湖，盆地沉积以河流三角洲相为主（图 3-11c）。

（3）前陆期（晚白垩世—新生代）：随着早白垩世南大西洋扩张速度的下降，太平洋板块发生了重组，板块沉降角度的减小，导致了挤压性构造运动，造成了先前张性构造的反转。在这个时期，盆地发育为弧后前陆盆地，盆地的范围和形状发生了显著变化，沉积中心东移，局部沉积厚达 2000m。晚白垩世随着全球海平面的上升，发生了来自大西洋的第一次海侵，浅海沉积物在盆地内广泛分布（图 3-11d）。

海相旋回层序结束于欧特里夫期到阿普特–阿尔必期，该层序在盆地西部较发育，岩性主要是黑灰色页岩和石灰岩，向着盆地中心，逐渐变为盐岩沉积，标志着海相沉积的结束，该层段厚 400～800m。在赛诺曼期，盆地造山隆起，上覆洪泛平原和湖相红层沉积物。

内乌肯盆地 Altiplanicie del Payu'n 地区（位于盆地的中北部）Precuyano 组中的火山岩储层与安第斯中段的晚三叠世—晚白垩世的火山喷发相对应，发育于盆地发展的裂谷期。Vaca Muerta 组中的火成岩储层（47Ma）与北段晚侏罗世—早白垩世岩浆侵入相对应（图 2-22），发育于盆地发展的后裂谷期。

（四）南苏门答腊盆地

1. 火山运动

南苏门答腊的火山运动，开始于新生代，一直持续至今。

2. 盆地演化史与沉积充填特征

该盆地为一个断裂系统，形成于早新生代，充填了中生代花岗岩、火山岩和变质沉积岩。

盆地的主要发育期为晚始新世到早渐新世。沉积的第一个阶段为构造拗陷充填，

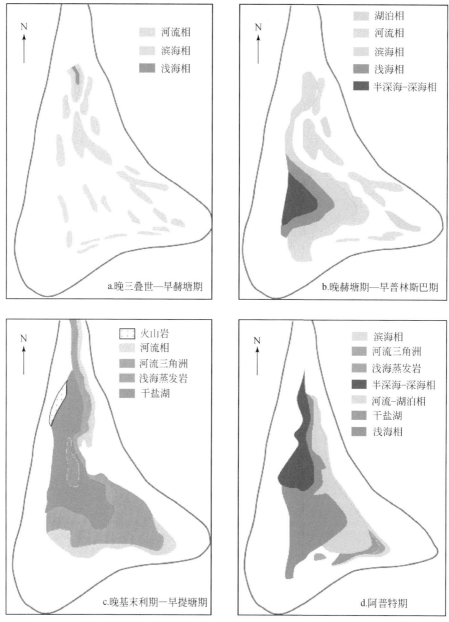

图 3-11 内乌肯盆地沉积相分布图

充填物为出露的基性岩经剥蚀作用而形成的碎屑和碎片（SU2）（图 3-12）。在晚渐新世到早中新世，断陷之后就是热沉降，同时海侵的发生形成了高体系域的细粒碎屑物质和造礁物质（SU3）。持续的沉降沉积物覆盖了碳酸盐岩层，形成了富含有机质的深水页岩和泥灰岩沉积，最终演化为油气的烃源岩和盖层（SU4）。北东向的挤压和构造反转运动开始于中中新世，陆上沉积物自西南方向进积，形成了 SU5 沉积单元。地层单元 SU6 涵盖了从滨海环境到陆相环境的过渡，包含煤层和陆相碎屑沉积。由于南苏门答腊的火山活动从新生代开始，一直持续至今，地层单元 SU6 包含了大量凝灰岩和火山碎屑岩。

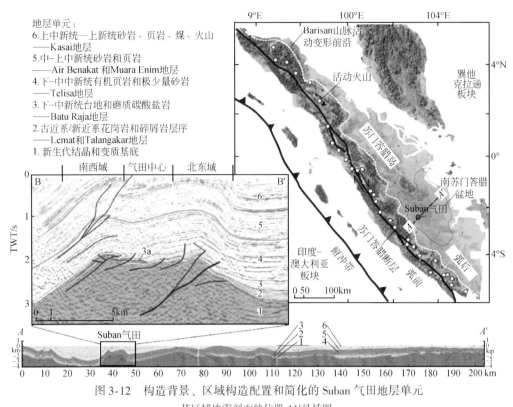

图 3-12 构造背景、区域构造配置和简化的 Suban 气田地层单元

其区域地震剖面的位置 AA′ 见插图。

TWT 为双向旅行时（Hennings，2012）

南苏门答腊 Suban 气田的储层位于基底的花岗岩中，发育于盆地的前裂谷时期和裂谷时期。

二、裂 谷 盆 地

（一）布劳斯盆地

1. 火山活动

早–中侏罗世期间，盆地开始了北东–南西向的构造拉张作用，随着拉张作用的不断加强，发生了海底扩张，扩张作用的最终结果导致盆地大范围的断裂活动和玄武岩质火山作用。

2. 盆地发展演化和沉积充填特征

布劳斯盆地沉积历史反映了冈瓦纳超级大陆的解体和西澳大利亚超级盆地的形成，有六个盆地发展阶段（图 3-13）。

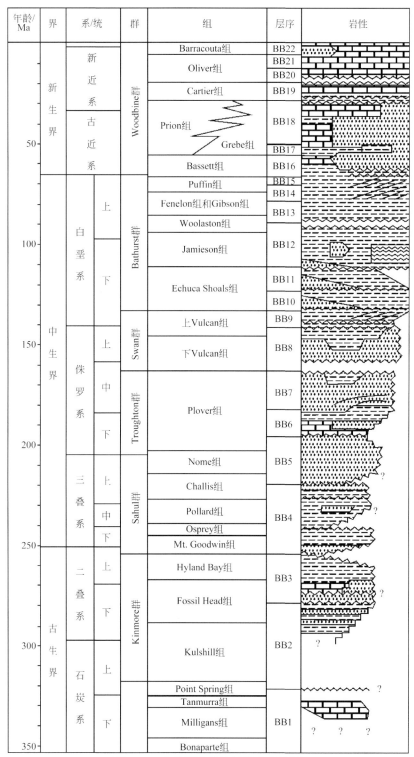

图 3-13　布劳斯盆地地层综合柱状图

1）第一期同裂谷拉张地层单元（巨层序 BB1-BB2）

晚泥盆世——早石炭世，布劳斯盆地发生了初期的克拉通内扩张。沉积了同裂谷时期的沉积物，其沉积环境为北西-南东向的河流-三角洲相沉积环境。

晚石炭世——早二叠世时期，发生了第二次拉张构造。拉张裂陷作用使基梅里（Cimmerian）大陆断块一部分的希布玛苏（Sibumasu）地块产生分离并形成新特提斯洋。在盆地演化的主要时期，布劳斯盆地形成了一系列半地堑和大范围的正断层，并使盆地南部和北部沉积中心——Caswell 次盆地和 Barcoo 次盆地存在差异沉积作用。沉积中心的地层厚度达 15km，沉积水深为 100～1500m。AGSO（澳大利亚地质调查所）的深层地震资料显示布劳斯盆地处于古生代同期断裂和断裂后早期，沉积层序厚度为 8～10km。

下二叠统以海相沉积为主，并形成了 Kulshill 群的 BB2 巨层序。在 Yampi 陆架-Prudhoe 阶地少数几口井钻遇了前三叠系层系。

2）第一期裂后热沉积地层单元（巨层序 BB3-BB4）

晚石炭世——二叠纪的裂后热沉降期间，也就是 BB3 和 BB4 地震巨层序沉积期间，构造沉降的速率很低。

上二叠统 BB3 巨层序为海侵期，岩性组成为砂岩，逐渐变为页岩和石灰岩。这套层系的上部是布劳斯盆地的三叠系浅海沉积物。

地震和钻井资料反映三叠系底部有比较明显的不整合，在 BB2-BB5 巨层序中出现较多不整合面。

3）第一期同构造反转期地层单元（巨层序 BB5）

二叠纪——三叠纪的沉积一直持续到晚三叠世——早侏罗世的挤压构造作用开始，构造挤压作用的加强使沉积作用最终停止，在广大地区出现一个明显的区域不整合面（Trmid horizon）。

贯穿整个盆地的北东-南西向褶皱带的发育，标志着这一次大的构造反转期。这一时期，拗陷区发育沉积厚度较小的沉积建造，而在构造隆起区（如 Buffon、Scott Reef 和 Barcoo 构造带，Buccaneer 构造带，以及中盆地、内盆地和北盆地隆起）没有任何沉积，以侵蚀作用为主。由于 Scott 高原迅速形成，布劳斯盆地西部成为物源区，发育一系列北东-南西向的背斜构造带，构造带走向与盆地的古生界主要断层的走向一致，具有明显的继承性。陆相沉积的红层和河流-三角洲沉积代表了构造反转期和反转后沉积。由于沉积速度比较缓慢，晚三叠世晚期——早侏罗世早期盆地中心出现浅海石灰岩、陆架砂岩和粉砂岩沉积。

4）第二期裂谷拉张地层单元（巨层序 BB6-BB7）

早-中侏罗世期间，盆地开始了北东-南西向的构造拉张活动，拉张活动至卡洛斯-早牛津期达到了顶峰，随着拉张作用的不断加强，发生了海底扩张作用，导致阿尔戈深海平原的解体。

拉张作用对盆地南部的 Caswell 次盆地产生了显著的影响。在布劳斯盆地，晚三叠世构造反转期形成的许多背斜构造，沿着 Prudhoe 阶地和 Leveque 陆架的西部边界发育一系列张性断层。早–中侏罗世拉张作用继续加强，出现 Seringapatam 次盆地、Scott 高原和 Barcoo 次盆地西部的快速沉降，地壳扩张最终导致盆地级别的断块活动和玄武岩质的火山作用。

这个阶段沉积物迅速注入，几乎覆盖了大部分地区，沉积物以海进期的浅海相沉积与向上逐渐变为同裂谷期的河流–三角洲相沉积为主。中侏罗世层序特征标志着又一个水体变浅的沉积层系的开始，沉积相从前三角洲页岩向上演变为前三角洲相、砂泥互层的三角洲平原河道相沉积。

Caswell 次盆地的北部和南部以及 Seringapatam 次盆地油气聚集比较丰富，但盆地内部隆起和盆地边缘地带油气聚集相对较少。在富含砂岩的三角洲相内存在中等–较好的下–中侏罗统储集层，它们构成了 Scott Reef 和 Brecknock 大气田的主要储集层，侏罗纪沉积中心的含煤三角洲平原相和近岸海相到过渡相的泥岩是重要的烃源岩，上覆的上侏罗统页岩构成了前卡洛阶圈闭构造的区域性盖层，作为盖层的侏罗系厚度在 Barcoo 次盆地和 Caswell 次盆地不完全相同，地层厚度的差异变化反映了盆地的演化进程不同，盆地的沉降史有所差异。

5）第二期裂后热沉降地层单元（巨层序 BB8-BB22）

a. 卡洛阶—提塘阶（巨层序 BB8）

阿尔戈深海平原海底扩张作用的开始标志着侏罗纪裂谷活动的结束，也代表了长期沉降与相对构造稳定时期的开始。这个时期以 Caswell 次盆地和 Barcoo 次盆地的缓慢沉降、Scott 高原和 Seringapatam 次盆地的中等沉降为特征，形成相对应的沉积，在 Brecknock-Scott Reef-Buffon 构造带、Prudhoe 阶地和 Yampi-Leveque 陆架区，持续的隆升作用使这个时期的沉积很少存在。

这个时期的沉积环境以北东–南西向地堑内河流–三角洲相和盆地扇相沉积为主，在布劳斯盆地中部和西部，虽然晚侏罗世河流–三角洲相沉积物比较薄，但在 Leveque 地台和 Prudhoe 阶地，沉积物却比较厚，达 100～350m。Heywood 地堑沉积物分布范围较大，晚侏罗世沉积厚度可达 1000m。这套河流–三角洲相沉积层序由砂岩、页岩和粉砂岩组成，以披覆或上超的形式沉积于前卡洛阶构造之上。该层系为 Prudhoe 阶地西部盆地中央区发育多套较好的储盖组合奠定了基础。

b. 贝利阿斯阶—阿普第阶（巨层序 BB9-BB11）

贝利阿斯期标志着布劳斯盆地从快速下降到缓慢下降期的转变，反映了这个时期地壳开始由膨胀向冷却收缩方向的转变。早期的快速沉降标志着早白垩世整个西北大陆架的裂陷作用和快速沉降作用的开始。当时，在 Curvier 和 Cascoyne 深海平原开始了大幅度的海底扩张作用。海底扩张作用形成时期迅速海进，BB9-BB11 层系的底部通常为一套凝灰层。在阿普第期，整个盆地的沉积环境都变为海相环境，厚度巨大的海相泥岩（Echuca Shoals/Jamieson formations）构成了区域盖层和烃源岩，岩石中富含有机质的泥岩是生烃的物质基础，环境上对应着早白垩世期间的几次大的海侵作用。

上侏罗统顶部的剥蚀面存在代表着盆地的沉积环境在海进过程中曾经出现过海平面下降、盆地抬升作用，这个时期沉积主要为斜坡扇和河流-三角洲相沉积，沉积建造的进积层系的顶部层系为低水位体系域沉积层系，因为物性好而成为最好的储集层。盆地短暂抬升之后，又重新恢复了海侵作用，随后的高水位环境下的页岩和粉砂岩沉积代表了凡兰吟期的海平面上升。巴列姆期时，出现 Kbar 不整合面，标志着海侵过程中海平面又一个短暂的下降。在 Prudhoe 阶地的东侧，该不整合面之上有上超的海进层系沉积。巴列姆阶的低水位和海进沉积物由砂岩和海绿石砂岩组成，这些砂岩是 Londonderry-1 油气田和 Gwydion-1 油气田的储集层之一。

c. 阿普特阶—土伦阶（巨层序 BB12）

晚阿普特期—土伦期沉积作用开始减缓，这个时期 Barcoo 次盆地和 Caswell 次盆地转化为不同的沉积中心，BB12 层序由海进砂岩、海绿石砂岩、盆底扇砂岩、富含放射虫砂岩和厚层的粉砂岩和页岩组成，在 Yampi 陆架、Prudhoe 阶地和 Buffon-Scott Reef-Brecknock 构造带西部，这套层序较薄。在盆地西部，该层系更薄，而在气田地区相对较厚，从封盖的质量上看，这套地层可以作为良好的区域盖层。

d. 土伦阶—下中新统（巨层序 BB13-BB20）

土伦阶是盆地沉积作用趋于停止并发生显著隆升作用环境下形成的一套地层，晚白垩世—新生代是海进-海退的过渡期，此时大陆架边缘向西北移至 Buffon-Scott Reef-Brecknock 构造带一侧。该时期的主要环境标志是出现众多的区域不整合面和河流-三角洲相与冲积扇相的广泛沉积，并伴随有小规模的断裂重新开始活动。

土伦阶—下康潘阶远洋钙质沉积时，海平面依旧比较高。沿着东部大陆架和海岸线，沉积物仍然是粗粒碎屑岩。早康潘期海平面开始下降，晚康潘期海平面下降更加明显，沉积物以海退为主，形成高位体系域和低位体系域的河流-三角洲相沉积。在麦斯特里奇期，海平面进一步下降，在大陆边缘以外的地区，出现广泛的水下扇沉积，这些沉积主要集中于 Caswell 次盆地的北部地区。

e. 第二期同构造反转地层单元（巨层序 BB21-BB22）

晚渐新世—早中新世时，澳大利亚板块和太平洋板块发生碰撞作用，导致 Leveque 大陆架边缘发育转换断层和倒转背斜，从那时起，Barcoo 次盆地一直处于构造改造阶段，至今这个阶段尚未结束。

早-中侏罗世的火山作用与 Scott Reef 油气田 Plover 组玄武岩储层相对应（图2-9）。处于盆地演化的第二次裂谷期。

（二）九 龙 盆 地

1. 火山活动

在前古近纪基底中，发育三期岩浆岩系：定光-安克罗特（Dinkuan-Ankroet）岩系（130～150Ma）、卡岭（Deo-Ca）岩系（90～100Ma）和蕃朗（Phanrang）岩系（60～70Ma）。

始新世晚期至早渐新世，中国南海第一次扩张（32Ma），导致九龙盆地发生了火山喷发事件，火山岩主要分布在茶句组（Tra Cu）的下部（图3-14）。

中中新世期间，随着中国南海海底第二次扩张（15～22Ma）的结束，九龙盆地发生了张扭性断裂作用和第一次玄武质火山活动，在大约5Ma发生了第二次玄武质火山活动（图3-14）。

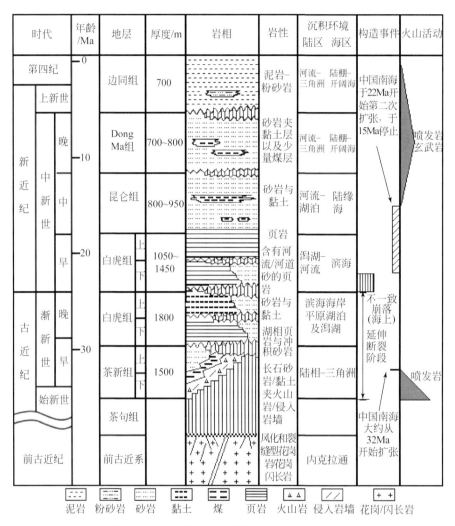

图3-14 九龙盆地综合地层（孙桂华等，2010）

2. 盆地演化与沉积充填特征

图3-15为一个示意模型，描述了九龙盆地的地质演化过程。

在古新世期间，位于越南南部边缘，存在的薄弱区域［图3-15（a）］可能是裂谷初始的发生地［图3-15（b）］，由前中国海地壳扩张有关的压力引起。这次断裂和扩张［图3-15（c）］形成了九龙盆地。初始裂谷时期表现为快速沉降和充填。各种冲积扇、河流、湖泊沉积物均参与了同裂谷沉降。在渐新世晚期，中国南海西南部漂移的开始终结了初始断裂，在漂移开始时，不同的地壳板块之间的相互作用形成了破裂的不整合面。

在中新世，九龙盆地的后裂谷沉积还在继续［图3-15（d）］发育。九龙盆地早期的后沉积单元有如下性质：由陆相逐渐过渡为陆棚相。九龙盆地后断裂晚期的地层单元向上依次为非海相、滨海相和陆棚相沉积层系。

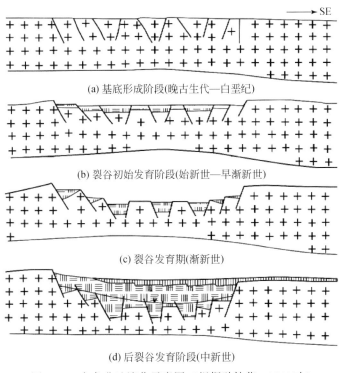

(a) 基底形成阶段(晚古生代—白垩纪)

(b) 裂谷初始发育阶段(始新世—早渐新世)

(c) 裂谷发育期(渐新世)

(d) 后裂谷发育阶段(中新世)

图 3-15　九龙盆地演化示意图（根据孙桂华，2010 改）

九龙盆地的白虎油田火成岩储层为基底构造高部位的风化花岗岩，与侏罗纪—晚白垩世发生的花岗岩–花岗闪长岩的岩浆活动相对应，发育于盆地演化的前裂谷期和裂谷早期。

（三）奥兰治盆地

1. 火山活动

在早白垩世（时间大约为132Ma），受到 Etendenka- Parana 热柱影响，发生溢流玄武岩喷发事件，其和南美 Lgneous 地区溢流玄武岩喷出同期发生。

2. 盆地演化与沉积充填特征

西非的边缘属于被动大陆边缘，是晚侏罗世至早白垩世时期冈瓦纳古陆解体和南大西洋扩张的结果。冈瓦纳古陆初始的破裂时间在 136～126Ma，伴随着裂谷和同裂谷沉积序列的发育。如图 3-16 所示，奥兰治盆地的同裂谷演化阶段包括了北-南向发育的地堑和半地堑，充填了硅质碎屑岩、湖相沉积物和火山侵入体。随后，是一套下白垩统的过渡层序，包含了向上变深的红色河床沉积，上覆有海相砂质沉积物，这也是第一次出现海相沉积物。但盆地的东北部不受该海侵事件的影响。接下来，晚白垩世的后裂谷阶段开始，其为热沉降和开放洋流循环的开始。从晚白垩世至今，盆地内的深海环境逐渐变浅。漂移阶段的沉积物主要包含硅质碎屑黏土岩、粉砂岩和少量的砂岩。

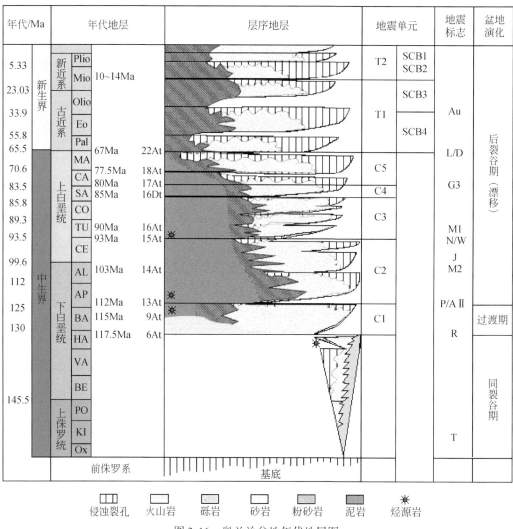

图 3-16 奥兰治盆地年代地层图

奥兰治盆地早白垩世喷发的溢流玄武岩与 Kudu 油气田的储层相对应，属于盆地演化的同裂谷时期，上覆河流-三角洲相沉积。

第三节 典型火山（成）岩成藏背景分析

通过研究盆地的发展史得知，不论是岛弧背景盆地的油气藏，还是裂谷背景盆地的油气藏，火山（成）岩油气藏具体的发育环境都与拉张环境有关。本节涉及的国外含火山（成）岩油气盆地中，布劳斯盆地、九龙盆地、奥兰治盆地、萨利莫斯盆地和三叠盆地属于裂谷背景，而爪哇盆地、南苏门答腊盆地、内乌肯盆地、Austral 盆地、库拉盆地和新潟盆地虽然属于岛弧背景，但是其中的火山（成）岩油气藏发育的构造环境为张性的弧后裂谷盆地。裂谷盆地的演化阶段一般分为：前裂谷期、同裂谷期、后裂谷期。火山（成）岩的储层一般发育在盆地演化的前裂谷期和同裂谷期（表3-2）。

表3-2 火山（成）岩油气藏纵向分布表

盆地名称	油气田	储层所在年代地层	储层岩性	盆地发育阶段	同时期沉积充填
西北爪哇	贾蒂巴朗气田	古近系	玄武岩，凝灰岩	裂谷期	湖泊沉积
布劳斯	Scott Reef 油气田	下侏罗统	玄武岩	裂谷期	河流－三角洲
九龙	白虎油田	中侏罗统—上白垩统	花岗岩	前裂谷期	冲积扇、河流、湖泊
奥兰治	Kudu 气田	下白垩统	溢流玄武岩	裂谷期	河流－三角洲
Austral	Cerro Norte 气田 Campo Bremen 气田 Oceano 油气田	中－上侏罗统	凝灰岩 流纹岩 碎屑角砾岩	裂谷期 后裂谷期	海相
新潟	吉井－东柏崎气田	新近系	凝灰岩	裂谷期	海相灰色－暗灰色泥岩
南苏门答腊	Suban 气田	始新统—渐新统	花岗岩	前裂谷期	
萨利莫斯	Urucu 油田	上三叠统—下侏罗统	辉绿岩床	后裂谷期	湖泊
库拉	穆拉德汉雷	始新统	粗面玄武岩、安山岩	裂谷期	浅海
库拉	萨姆戈里	上白垩统、中始新统	凝灰岩		浅海
三叠	Ben Khalala/ Haoud Berkaoui 油田	寒武系	玄武岩	裂谷期	河流

此外，几乎所有含有火山（成）岩油气藏的盆地，也多发育有常规油气藏。如阿根廷内乌肯盆地、澳大利亚布劳斯盆地、库拉地槽等。有些油田下部为火山（成）岩油气藏，上部为常规油气藏，如白虎油田，含有三个含油层位，基底、渐新统和中新统，其中超过50%的油气储量在基底。

储量超过5000×10^4t（油当量）的油气藏大多分布在东南亚和南美，其中东南亚有四个，分别为：印尼贾蒂巴朗油气田（6.696×10^8t）、Suban 气田（1.58×10^8t）、澳大利亚 Scott Reef 油气田（3.785×10^4t）、越南白虎油田（1.96×10^8t）；南美有两个，分别

为：阿根廷 Medanito-25 de Mayo 油气田（$0.651 \times 10^8 t$）、巴西 Urucu 油气田（$0.471 \times 10^8 t$）；而且上述的六个含火山（成）岩油气盆地中还发育有大规模的常规油气藏，而作为西平洋岛弧代表的日本却没有大规模的火山（成）岩油气藏和常规油气藏，其原因可能为：

（1）日本是板块汇聚处（欧亚板块、太平洋板块和菲律宾海板块）（图3-1），构造活动剧烈。日本火山岛弧的地质史很长，其最老的岩石是寒武系和奥陶系的蛇绿岩以及与其相应的深水沉积岩，基底岩石主要是由侏罗系—古近系增生楔组成。中中新世以来，日本海扩张、岛弧岩浆作用成为日本最重要的地质作用。到第四纪，日本现今的构造格局完全形成，形成现有的地形地貌。这说明成藏时期日本的火山运动很频繁，尤其是在油气藏形成的新近纪，其对油气藏的保存十分不利，而且也导致火山岩与海相泥岩体的厚度不大（图2-37），不易形成大规模的油气藏。

（2）东南亚含火山（成）岩油气藏盆地的上新世火山活动没有影响到已经形成的火山（成）岩油气藏储层（表3-2），构造比较稳定。其储层之上发育了丰富的陆相、过渡相和海相沉积体系（图3-17），有形成大规模油气藏的地质条件。

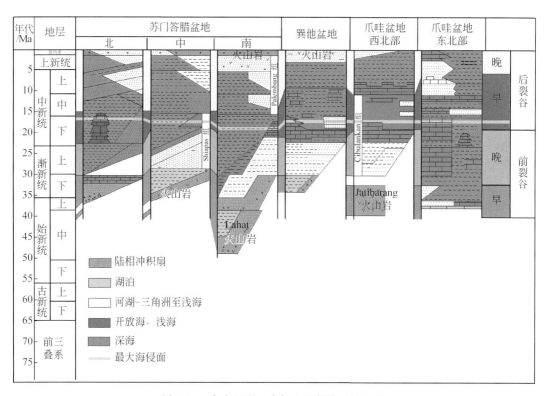

图3-17　印度尼西亚南部和西部盆地地层图

（3）南美含火山（成）岩油气藏盆地情况与东南亚类似，岛弧背景的盆地火山（成）岩分布广泛，虽然喷发期次较多，但是持续时间较短，与火山岩形成同时发育有大套的河流相、湖相沉积物，为大型油气藏形成提供了较好的地质条件，后续的火山活动时间发生较晚，未影响到已经形成的火成岩油气藏。裂谷背景的盆地为内弧后前陆盆地，火山（成）岩储层为浅成侵入岩，侵入的范围很大，但岩浆活动时间集中，且成岩厚度大（最厚约600m）（图2-24），成岩后的地质环境比较稳定，有利于油气藏的形成。

第四章　储层及控制因素

火山（成）岩储层发育有原生孔隙和次生孔隙两种类型的储集空间，它们的发育与岩性、成岩过程和成岩后所经历的各种作用相关。这些作用大致分为三类：原生（同生）作用、次生作用和构造作用。其中原生作用有：熔结、冷却、岩浆后期晶体溶解，气体释放、岩浆流体碎裂、晶体破裂等。次生作用有多种类型的蚀变作用、热液角砾化等，这些作用中既有破坏原生孔隙的，也有增强原生孔隙的。

构造作用产生各种尺寸的裂缝，储层内裂缝总数的多少能否决定储层储集性能？答案是否定的。裂缝的应力状态、发育部位、走向与储层的生产能力之间的关系是值得深入研究的，这些因素对储层生产性能的控制机理是本章讨论的重点。

本章以 Austral 盆地、阿根廷内乌肯盆地、日本新潟盆地和印度尼西亚南苏门答腊盆地中的火山（成）岩油气藏储层为例，来论述火山（成）岩油气藏储层中储集空间类型、发育程度和主控因素。

第一节　国外火山（成）岩油气藏储层简介

国外的火山（成）岩油气藏的储层按照成因大致分为火山岩、深成岩（基岩）和浅成岩（次火山岩），是一个广义上的火成岩范畴。如图 4-1 所示，深成岩是岩浆侵入地壳深层 3km 以下，经缓慢冷却形成的火成岩，一般为全晶质粗粒结构，深成岩是原生孔隙度很不发育的一类岩石。

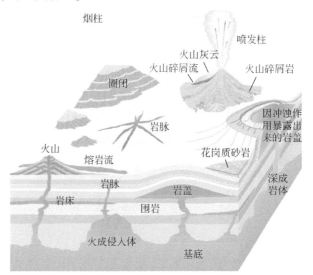

图 4-1　火山（成）岩形成机理简图（侯会军和李国欣，2009）

在浅层，火山侵入体很少通过顶蚀作用而侵位，也几乎没有通过熔融而侵位，岩浆以楔状进入围岩，增加体积，产生变形，通常在侵入的沉积物的闭合构造中形成岩盖和岩墙。岩盖按照其形状可以分为两类（图4-2）。

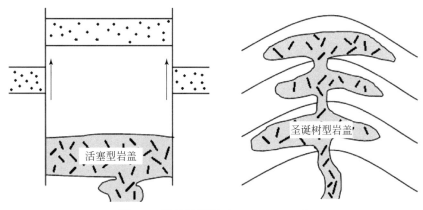

图4-2　岩盖示意图（Schutter，2003）

（1）活塞型岩盖：外围有垂向断层，顶部隆起呈活塞状，岩浆流入下部岩浆房。

（2）圣诞树型岩盖：一系列透镜形侵入体沿层面分布，沿中心补给区叠合成层序。

岩盖冷却会形成裂缝，有的岩盖也可能因后期构造运动而断裂。例如，亚利桑那东北部的 Dineh-bi-Keyah 油田是一个发育在背斜之上的正长岩岩盖，其侵入到 Hermosa 组黑色泥岩中（即 Paradox 盆地的烃源岩）。该油田累计产量超过了 $0.238×10^4$t。

岩浆喷出地面后快速冷却形成火山锥，呈现出极细的晶体结构，甚至是玻质结构。后随上覆沉积物的增多，成为埋藏火山机构，历经各种成岩和成岩后作用，转化为火山岩。火山机构除了火山锥以外，火山通道周围的隆起和围岩的破裂可能提供更多圈闭和储层（图4-3），如得克萨斯"蛇纹岩"火山，是晚白垩世形成的小型火山，岩性为碱性玄武岩，在 Austin 白垩纪沉积期间较活跃。史料上记载的最早的火山岩油气藏，为 1883 年在新潟盆地发现的西山油田、东山油田，通过渗出地面的油苗而被发现。最早开采成功的火山岩油气藏为 1915 年在得克萨斯州投产的一个油田，该油田发育于海底火山盆地而形成的火山岩趋势带上，长约 250 英里（400km）。这个趋势带上发育有 200 多个火山岩体，开发出了 90 个火山岩油田，累计产油 $800×10^4$t。其中最大的 Lytton Springs 油田累计产量超过 $157×10^4$t。火山岩圈闭密度为每 100 平方英里 3.6 个火山岩体（约 1.4 个/100km²），单个岩体规模为 1.5~2.5km²，火山颈直径通常小于 0.8km。尽管各油田规模不大，但油田数量多，产油总量较大。

世界储量排名前 14 的火山（成）岩油气藏中，储层为火山岩的有：贾蒂巴朗油气田（印度尼西亚），Scott Reef 油气田（澳大利亚），Kudu 气田（纳米比亚），25 de Mayo-Medanito 油气田（阿根廷），Richland 气田（美国），Ben Khalala/Haoud Berkaoui 油田（阿尔及利亚），雅拉克金油田（俄罗斯），萨姆戈里油田（格鲁吉亚），吉井–东柏崎气田（日本）。储层为深成岩的有：白虎油田（越南），Suban 气田（印度尼西亚）。储层为次火山岩的有：Urucu 油气田（巴西），Ragusa 油田（意大利）。

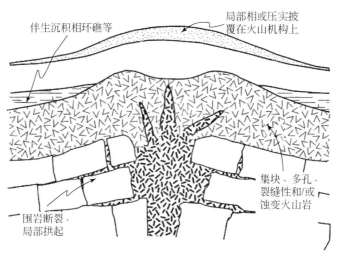

图 4-3　埋藏火山储层示意图（Schutter，2003）

探明储量 5000×10^4 t 以上的火山（成）岩储层的岩性为：玄武岩、花岗岩、辉绿岩、凝灰岩和流纹岩（表4-1）。

表 4-1　世界典型火山（成）岩油气藏储层统计表

油气田名称	流体性质	埋藏深度/m	储层岩性	储集空间
贾蒂巴朗	油、气	1840～2175	凝灰岩	裂缝
Scott Reef	油、气	4000～4700	玄武岩	孔隙、裂缝
白虎	油	2500～4000	花岗岩	裂缝、微裂缝
Suban	气	2300～2500	花岗岩	裂缝
Kudu	油、气	4474～4486	玄武岩	
25 de Mayo-Medanito	油、气	980～1250	凝灰岩、流纹岩	孔隙、裂缝
Urucu	油、气		辉绿岩床	裂缝
Ben Khalala/Haoud Berkaoui	油	3300～3570	玄武岩	
穆拉德汉雷	油	4000～5000	安山岩、玄武岩	裂缝
萨姆戈里	油	1750～2120	凝灰岩	裂缝、洞穴
吉井–东柏崎	气	2600～2900	绿色凝灰岩	裂缝、孔隙
Campo Bremen、Oceano、Cerro Norte	油、气	1711～1787，1175～1375，1698～1764	凝灰岩、安山岩、流纹岩、玻斑岩	裂缝、孔隙

火山（成）岩油气藏储集空间一般为孔隙和裂缝（表4-1）。按成因分类，孔隙分为原生和次生，分别对应成岩过程中和成岩后所经历的各种作用。裂缝又分为构造裂

缝和非构造裂缝。火山（成）岩储层在成岩和成岩后过程中经历了哪些作用，这些作用会对火山（成）岩的储集空间有何重要影响，该问题将在下面进行详细讨论。

第二节 储集空间发育程度与控制因素

火山（成）岩的储集空间一般包括孔隙和裂缝。在过去，普遍认为高产的火山（成）岩油气藏一般位于由构造运动引起的裂缝和风化壳中，而忽视了储层在成岩和成岩后所经历的其他作用对储集空间的影响。近些年来，随着火山（成）岩油气勘探开发事业的不断发展，发现了大型的非构造裂缝型火山（成）岩油气藏。位于阿根廷内乌肯盆地的 Precuyano 组和 Austral 盆地的 Serie Tobifera 组的火山岩油气藏储层就是很好的例子。同样，日本新潟盆地著名的"绿色凝灰岩"油气藏，其储集空间也不完全是以构造裂缝为主。此外，侵入岩中也发现了规模较大的火成岩油气藏，印度尼西亚南苏门答腊的 Suban 气田就是典型的深成岩气藏，其探明储量超过了 1×10^8 t 油当量。本节以上述四个盆地中的火山（成）岩为例，从储层岩性、储集空间类型、储集空间发育的控制因素三个方面来论述火山（成）岩储层特性。

一、储层岩性及储集空间

（一）Austral 盆地的 Serie Tobifera 组及储层

1. 储层简介

Austral 盆地的 Serie Tobifera 组（图 2-25）也广泛分布于 Malvinas 盆地和 Julian 盆地，是 Chon-Aike 区知名岩石地层的名称，为一个巨大的酸性火山岩组，面积约为 170×10^4 km^2。火山活动时间为侏罗纪（188～153Ma），与冈瓦纳古陆的解体、陆块向西迁移有关。这个巨大的火山岩组形成的时间与三叠纪以来区域性地壳扩张活动为同一时期。地震资料也表明酸性岩浆作用与初始的扩张性断裂高度相关。

在太平洋边缘，Serie Tobifera 组主要由水下喷发的火山碎屑岩组成，与浊积岩层、碎屑流沉积物伴生。大量角砾岩和玻质碎屑岩的发育表明流纹岩浆侵入了海相沉积物中并冷却。向东，Serie Tobifera 组的岩性和 Chon-Aike 区其他部分地层岩性相似，包括陆上喷发的流纹熔岩、外碎屑和火山碎屑岩沉积物。在 Austral 盆地的最东部，Serie Tobifera 组被分为两组：1500m 厚的下 Tobifera 组和 500m 厚的上 Tobifera 组，两者之间呈不整合接触。

2. 岩心样品及储层表征

岩心样品来自 Austral 盆地南部的北卡罗气田、坎波不来梅油田和欧神诺油田，共有 9 块（图 4-4，表 4-2）。

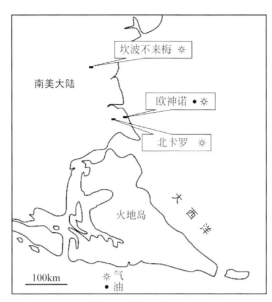

图 4-4 Austral 盆地研究区取样方位图（Sruoga et al.，2004）

表 4-2 岩心、岩石物理性质、岩性和孔隙类型（Sruoga and Rubinstein，2007）

岩心	深度/m	孔隙度/%	渗透率/mD	岩性	孔隙类型
北卡罗气田	ACN-21：1698.00~1706.52 ACN-28：1728.00~1737.40； 1754.00~1764.00	13~28	0.001~6.7	流纹岩	晶内筛状孔、屑间孔，微裂缝
坎波不来梅油田	Cbre-x2：1775.20~1787.00 ACBre-8：1711.00~1716.00； 1727.00~1736.00 ACBre-10：1717.00~1726.35； 1758.00~1761.22	4.8~26	0.002~164	熔结和非熔结凝灰岩、外碎屑岩	晶内筛状孔、气管、屑间孔、粒间孔、微裂缝
Oceano field（AB）	O-39：1360.00~1375.00 O-40：1260.00~1277.50 O-42：1175.00~1192.50 O-43：1305.00~1322.82	9.4~37.6	0.003~762	玻斑岩、黑曜石、玻质碎屑岩、熔结凝灰岩、外碎屑角砾岩	溶蚀孔、屑间孔、晶间孔、微裂缝
Barranca de los Loros area. Cores 1 and 2（NB）	BL：979~988；988~997	10.7~18.56	0.85~15.76	熔结和非压缩熔结凝灰岩	洞穴孔、晶内筛状孔隙、溶模孔、构造裂缝
Barranca de los Loros area. Core 3（NB）	BLLN：1157~1161.7	12.7~23.05	>1	熔结流纹岩	晶内筛状孔、溶模孔隙、气管、晶簇状孔
Barranca de los Loros area. Core 4（NB）	BLLE：1232~1249			流纹岩	屑间孔、层间流孔隙、微裂缝
Barranca de los Loros area. Core 5（NB）	To：1055.80~1061.60	9.72~21.27	0.003~205.3	安山岩	晶内筛状孔、溶模孔隙、晶簇状角砾岩间孔

注：AB 为 Austral 盆地，NB 为内乌肯盆地

1）北卡罗气田

气田位于构造高部位，4口井钻遇均质的流纹岩储层，厚达150m，由此推测整个区块的岩性可能是相同的。

ACN-21和ACN-28的岩心的岩性为经历过热液蚀变的黄灰色、绿白色流纹岩。ACN-21的岩心发育有经矿化和热液角砾化作用形成的倾斜裂缝（图4-5a，1698~1700m），它们被方解石、黄铁矿、铁氧化物和黏土部分或全部充填。ACN-28岩心遭受了自碎角砾化作用（图4-5b，1728.5~1730.5m和1732.2~1734m），形成的裂缝和微裂缝呈网状形式分布。不规则形状的流纹岩碎片（碎片大小为10~50cm），侵入到流纹岩基质中。

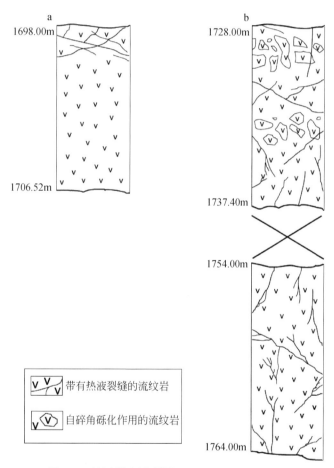

图4-5　油田岩心示意图（Sruoga et al.，2004）
a. ACN-21；b. ACN-28

流纹岩中包含有30%~40%的斑晶，还包括石英、钾长石、少量黑云母和不透明矿物。基质为霏细状至花斑状聚合体。钾长石斑晶的显著特点是具有筛状孔隙。此外，一种新形成的富含钾的长石，围着晶洞边缘发育，与早期发育的钾长石明显不同。

该流纹岩孔隙度为13%~28%，渗透率为0.001~6.7mD（图4-6），垂向上表现为明显的均质性。能够识别出三种类型的孔隙：与钾长石筛状结构相对应的晶内孔隙（图 4-7a）；由自碎角砾化作用生成，沿着碎屑边界发育的微孔隙（图 4-7b）；与热流蚀变作用有关的微裂缝。

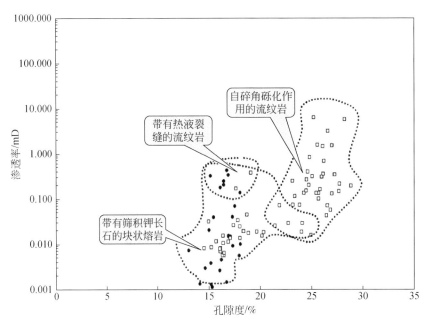

图 4-6　Cerro Norte 油田孔隙度与渗透率关系图（Sruoga et al.，2004）

实心圆圈代表 ACN-21；空心正方形代表 ACN-28

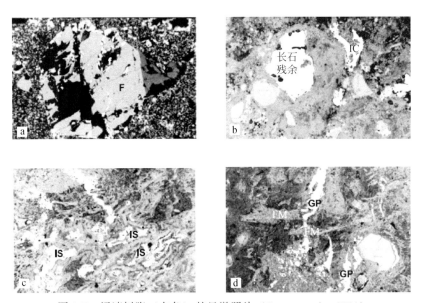

图 4-7　浸渍树脂（白色）的显微照片（Sruoga et al.，2004）

a. 流纹熔岩，后期结晶长石阶段，F 为部分溶解的钾长石斑晶，2.5×；b. 自碎角砾化流纹熔岩，带有长石残余的部分和内碎屑孔隙空间（IC），10×；c. 熔结凝灰岩，玻屑内孔隙（IS），5×；d. 非熔结熔结凝灰岩与气管（GP）和连通的火焰石（FM），2.5×

2）坎波不来梅油田

岩心样品来自 CBre-x2 井、ACBre-8 井和 ACBre-10 井，均位于该油田的构造高部位。在该油田，Tobifera 组岩性主要由凝灰岩和少量外碎屑沉积物互层组成。坎波不来梅凝灰岩在成岩作用中经历了未熔结到中等熔结作用（图 4-7c），垂向分异明显，常见气相结晶带和伴生气管。流纹岩中玻屑的组分为石英、钾长石、斜长石、黑云母和不透明矿物。该油田凝灰岩储层富含玻屑，由于受到了热液蚀变的影响，几乎不含岩屑。

CBre-x2 井中可见厚 1.8m 的外碎屑沉积物覆盖在未熔结的凝灰岩之上（图 4-8a，1775.2～1777m），包括：砂砾岩屑、方解石胶结物、层状凝灰岩和火山砾凝灰岩互层。凝灰岩在垂向上很好识别，发育的非常好的条纹斑状层段为其识别标志（图 4-8a，1778.3～1778.8m 和 1783.8～1785.3m）。岩心样品中垂向发育有几条矿化裂缝（黄铁矿和二氧化硅）。

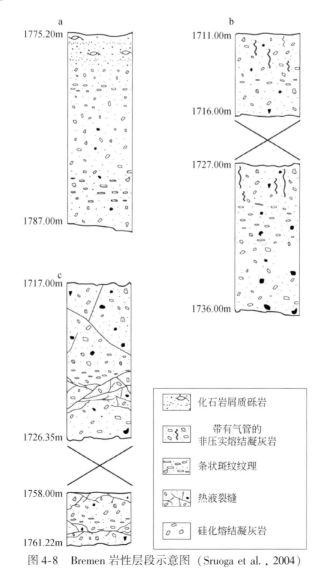

图 4-8 Bremen 岩性层段示意图（Sruoga et al.，2004）

ACBre-8 井中的岩心样品，片状绿泥石的浸渍作用使凝灰岩呈绿色，还显示出略微的垂向构造分层。岩心样品中的浮石几乎没有形变，在蚀变的作用下，部分或全部转化为黏土。岩屑含量较少，流纹岩、安山岩和凝灰岩随机分布。气管呈现为垂直到倾斜的张性裂隙，长度为几厘米，呈弯曲状（图 4-8b，1711.3 ～ 1713.2m 和 1727.00 ～ 1729.3m）。它们通常在非熔结区域发育最好。在最深处，由于存在硅化层段，出现了粗糙条带（图 4-8b，1731.6 ～ 1733.4m），可见几厘米长的由黏土和二氧化硅填充的热液裂缝。

ACBre-10 的岩心样品高度角砾化，与热液蚀变有关，发育有近于垂直的裂缝（图 4-8c，1722 ～ 1724.8m），与 ACBre-8 岩心中的裂缝类似。从岩心的上部到下部，凝灰岩的熔结作用有着逐渐增加的趋势（图 4-8c，1759.5 ～ 1759.9m）。

熔结凝灰岩中包含有 60% ～ 70% 的玻质碎屑，此外还包括浮石碎片和玻屑碎片。脱玻基质包括石英、钾长石、斜长石和少量黑云母，呈椭球状、球状。由于微小的自结晶石英和钾长石晶体的存在，可识别出气相结晶带，它们沿着孔隙空间的边缘，以晶簇形态发育。

岩心中孔隙度、渗透率参数在垂向上是变化的。熔结凝灰岩孔隙度为 4.8% ～ 26%，渗透率为 0.002 ～ 164mD（图 4-9）。外碎屑岩的孔隙度达 22%，渗透率达 200mD。

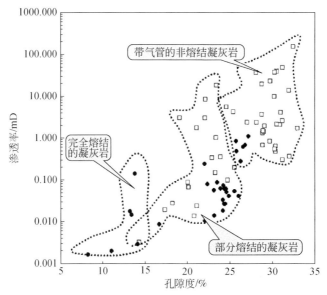

图 4-9　Bremen 油田孔、渗示意图（Sruoga et al. , 2004）
实心圆圈代表 ACBre-10；空心正方形代表 ACBre-8；三个区域孔、
渗被认为与岩性和成岩作用有关。外碎屑岩不包括在内

岩心样品中可识别出五种类型的孔隙：①与熔结程度相关的碎屑间孔隙；②与气管有关的孔隙（图 4-7d）；③与钾长石筛状结构对应的晶内孔隙；④与热液过程有关的微裂缝；⑤外碎屑岩中的粒间孔隙。

3）欧神诺油田

岩心样品来自 O-39 井、O-40 井、O-42 井和 O-43 井，这四口井均钻遇构造高部位。该油田的 Tobifera 组岩性为：玻斑岩、黑曜石、玻璃质碎屑岩，熔结凝灰岩和外碎屑角砾岩。

玻斑岩（图 4-10a，1360～1367m；图 4-10c 和 d），岩心颜色为黄、绿色到红色，呈块状、球状和霏细状构造，局部可见假流状构造。玻璃质矿物被不同程度（多为中等程度和高等程度）地蚀变为蒙脱石、伊利石、斜发沸石、毛沸石、石英猫眼石和绿泥石，偶见假碎屑构造。蚀变作用改造了原生孔隙，改善了储集性能，如形成相互连通的溶蚀孔洞、气孔、冷却或构造裂缝。岩心中罕见晶体交代物，方解石簇和矿脉也比较少见。晶体含量很高（达到 40%），包括斜长石、透长石、石英和黑云母，也可识别出少量岩屑碎片，通常可见粉碎的晶体。

块状玻斑岩最显著的特征是发育有大量弯曲状裂缝（图 4-10a，1360～1367m；图 4-10c 和 d，整块岩心），这些冷却裂缝连成了网络。珍珠结构也非常普遍，大量发育的珍珠岩被冷却微裂缝包围表明玻璃溶蚀作用发生在冷却之后。由于玻璃的溶蚀作用，冷却裂缝和珍珠岩裂缝扩大，形成相互连通的网络，不均匀地分布于基质中。有的层段含油气（图 4-10c，1178.7～1171.3m 和 1184～1185m）。O-43 井岩心上部的典型碎裂结构表明受到构造运动的影响，密布密集的裂缝层段和破碎区域（图 4-10d，1305～1322.82m）。玻璃和晶体的变形、破裂、交代和变形是典型的碎裂形态。黑曜石被蒙脱石、绢云母、二氧化硅、斜发沸石和少量绿泥石交代。虽然玻璃蚀变作用显著，但原生火山作用的特征均被保存下来，如平行和盘卷流状条带、球体晶粒、结核、珍珠岩粒间裂纹和冷却裂缝。在某些受蚀变作用影响较少的层段，被冷却裂缝包围的珍珠裂纹清晰可见。火山玻璃几乎占岩样总体积的 95%，从墨绿色新鲜珍珠岩到部分脱玻化玻璃，再到完全蚀变的淡黄色和橙色玻璃。脱玻作用形成球状、扇状和弓状（或带状）构造。玻璃冷却裂缝、珍珠岩中的溶蚀裂缝也很多。晶体含量很低（小于 2%）。

下部的玻质碎屑岩（图 4-10b，1266～1268m）看起来像是高度蚀变的玻屑角砾岩，颜色呈红黄和灰绿，特点为原位破碎，显现出拼图形状的冷却裂缝，能够清晰地观察到晶体破碎和晶屑的大小。角砾岩为单矿碎屑岩，由棱角分明的或略带棱角的气孔状玻质碎屑组成。珍珠黑曜石碎片占主导地位，浮石占次要地位，大小为 4～5cm，位于部分脱玻化的火山灰基质中。脱玻作用后体现出球状、霏细状和球粒机构。破碎的斜长石、二氧化硅和斜发沸石是主要的蚀变产物，以交代或者完全被充填的形式出现。

该油田的熔结凝灰岩主要为橙灰色块状火山砾凝灰岩，层段上部发育火山砾层。该单元发育大量的蚀变裂缝。白色和橙色的浮石也很发育，其部分被黏土和斜发沸石所交代。熔结的等级相对较低。虽然岩屑含量比较低，但在熔结凝灰岩的上部发现火山砾岩，包含火山玻璃、早期熔结凝灰岩和少量石英岩碎片（图 4-10b，1268.2～1268.8m 和 1269.2～1269.7m）。火山灰基质中包含大量的块状碎片，它们被斜发沸石部分交代。晶体含量很低（10%），主要为斜长石、石英和少量黑云母。

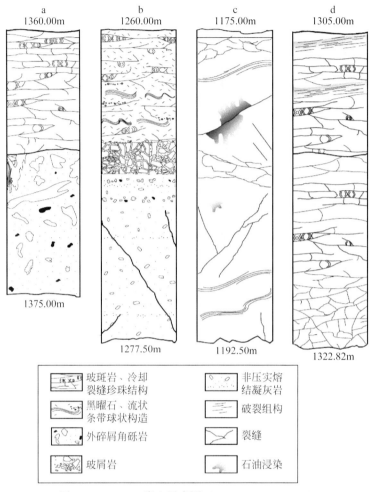

图 4-10 Oceano 岩心示意图 (Sruoga et al., 2004)

a. O-39; b. O-40; c. O-42; d. O-43

向上变粗的外碎屑角砾岩（图 4-10a，1367～1375m），包括不同类型的火山碎屑岩，厚达 1.5m。大多数碎屑对应白绿色的绿泥石化细粒凝灰岩。块状玻屑一般被绿泥石交代。碎屑具有高度弯曲的形态，说明沉积期间发生了塑性形变作用。偶然能见到层状富含有机质的火山凝灰岩碎片，被认为是火山碎屑（图 4-10a，1367～1369m）。碎屑粒度向下逐渐变小，角砾岩变为基质支撑。不同来源的玻质岩屑如新鲜的珍珠玻璃、脱玻玻璃、浮石、斑晶流纹岩和玻斑岩十分发育。隐晶聚集体被氧化铁浸渍。

该层段的孔隙度和渗透率变化较大。如图 4-11 所示，除了玻质碎屑岩渗透率较低（0.003～0.18mD）之外，冷却玻璃（玻基斑岩和黑曜石）的孔隙度和渗透率较高，达到 37.6% 和 762mD。外碎屑角砾岩孔隙度为 9.4%～32%，渗透率为 0.002～6.4mD（一般小于 1mD），变化较大。凝灰岩孔隙度为 17%～30%，渗透率比较低（小于 0.1mD）。

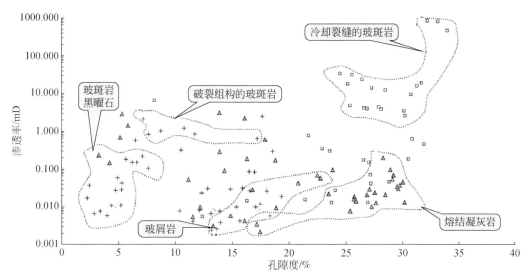

图4-11　Oceano 油田孔隙度–渗透率图（Sruoga et al.，2004）

空心正方形代表 O-39；实心圆圈代表 O-40；十字架代表 O-43；

外碎屑角砾岩对应的是所有的空心正方形，不包括在玻斑岩区域的。

样品没有绘制在选定区域的代表中间情况

　　从该油田的储层中可以识别出五种类型的孔隙：①冷却形成的孔隙，发育于致密的火山玻璃岩中（图4-12a）；②普遍存在的玻璃溶蚀形成的孔隙（图4-12b）；③碎屑间孔隙，在非熔结和弱熔结的凝灰岩中；④次生孔隙，形成于构造变形；⑤外碎屑角砾岩晶间孔。

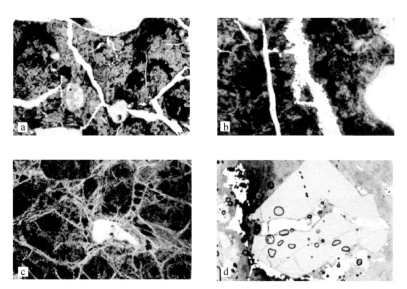

图4-12　浸渍树脂（白色）的显微照片（Sruoga et al.，2004）

a. 玻璃质碎屑玻斑岩淬火裂缝，2.5×；b. 在玻璃质碎屑玻斑岩中，由玻璃溶蚀引起的淬火裂缝扩

大，10×；c. 珍珠裂纹和淬火裂缝，填充蒙脱石，2.5×；d. 孔隙空间中的破碎结晶，2.5×

（二）内乌肯盆地 Precuyano 组及储层

内乌肯盆地的构造活动期发生在三叠纪—侏罗纪扩张期，控制了同裂谷时期的沉积充填。这些沉积中心的初始充填物是火山岩、火山碎屑岩和陆相外碎屑岩，称为 Precuyano 组（又称 Arroyo Lapa 组）（图 2-21），由岩屑、凝灰岩、橄榄岩脉玄武岩和流纹质熔结凝灰岩组成。

分析样品来自内乌肯盆地 Barranca de los Loros 油气田，共有 5 块（表 4-2）。

（1）1、2 号岩心的埋深分别为 979～988m 和 988～997m，孔隙度为 10.7%～18.56%，渗透率为 0.85～15.76mD，岩性为熔结和非熔结的凝灰岩、外碎屑岩。可识别的孔隙类型如下：屑间孔隙、晶内的筛状孔隙、溶模孔隙和构造裂缝。

（2）3 号岩心埋深为 1157～1161.7m，孔隙度为 12.7%～23.05%，渗透率>1mD，岩性为熔结凝灰岩。可识别的孔隙类型如下：晶内的筛状孔隙、溶模孔隙、气管孔隙、晶簇状孔隙。

（3）4 号岩心埋深为 1232～1249m，孔隙度为 12.7%～23.05%，渗透率>1mD，岩性为流纹岩。可识别的孔隙类型如下：碎屑间孔隙、层间流孔隙和张性裂缝。

（4）5 号岩心埋深为 1055.8～1061.6m，孔隙度为 9.72%～21.27%，渗透率为 0.003～205.3mD，岩性为安山岩。可识别的孔隙类型如下：晶体内的筛状孔隙、溶模孔隙、晶簇状角砾岩间孔隙。

（三）日本新潟盆地"绿色凝灰岩"地层与储层

"绿色凝灰岩"是三川组、七谷组火山岩的总称，其中七谷组变质程度较低的"绿色凝灰岩"是重要的油气勘探区域。七谷组在盆地深部分布广泛，其上部主要发育灰色–暗灰色泥岩，下部主要发育酸性及碱性火山岩。"绿色凝灰岩"厚度为 100～1000m。

日本新潟盆地的"绿色凝灰岩"以流纹岩、安英岩为主，但其他火山岩也有发育，如在新潟平原地区玄武岩和辉绿岩居多，部分发育有玄武岩。在见附油田周边和南长冈–片贝气田的下部也有玄武岩发育。在吉井–东柏崎气田发育有较厚的辉绿岩，成为良好的标志层。

1. 储层岩性及岩相

见附油田、吉井–东柏崎气田和南长冈–片贝气田为日本新潟盆地最著名的火山岩油气田。这几个油气田储层岩性如下：

见附油田储层岩性为英安质熔岩、角砾凝灰岩。斜长石斑晶多，石英、黑云母分布密集，基质以斜长石、石英、黑云母为主。基质部分脱玻化，斜长石较新，部分方解石化，钠长石化变质程度较弱。岩心有较多的孔隙，部分角砾化，部分裂缝中充填方解石。

古井–东柏崎气田的储层岩性为斜长石流纹岩、冷却破碎熔岩以及凝灰质角砾岩。变质程度为中–弱，斜长石的斑晶完全绢云母化，基质出现石英、钠长石脱玻化、绢云母化。通过 X 射线分析，变质矿物为绿泥石、绢云母、钠长石、方沸石以及方解石。岩心中能看到裂缝和孔隙发育。

南长冈–片贝气田储层中的珍珠岩、流纹岩熔岩，普遍受到显著的热液蚀变作用、引起硅化、方解石化、钠长石化和绢云母化。岩性为熔岩、枕状角砾岩、玄武碎屑岩三种，其中枕状角砾岩及熔岩是较好的储层。

2. 孔隙类型及大小

南长冈气田储层发育的主要孔隙类型为次生晶簇及晶间孔隙。储集空间从形态上分为孔隙和裂缝，宽度在 0.5mm 之内。南长冈地区裂缝集中在枕状角砾岩和熔岩中，以小型和微型的水平裂缝为主，超大裂缝极少，尤其是熔岩相的中心部位发现大量垂向微裂缝，但大多并没有形成有效孔隙。裂缝分为原生和次生裂缝，总的来看裂缝对孔隙度的贡献度很低。

古井气田储层中的孔隙主要是受到冷却和自碎角砾化作用而形成，在成岩后的构造运动影响下，使得原生裂缝和孔隙继续扩大。东柏崎气田主要孔隙为中等大小的原生裂缝和孔隙（>4mm）。这些孔隙中既有原生的裂隙，即熔岩爆发时的气孔、熔岩冷却产生的裂隙；还有次生裂隙，如构造裂缝及溶蚀作用形成的孔隙。这些裂隙主要起连通气孔、溶蚀孔及其他储集空间的作用。

见附油田的储层主要储集空间为原生裂缝和孔隙。

3. 孔隙度及渗透率

古井气田储层孔隙度为 10% ~ 20%，渗透率在 0.1 ~ 10mD，孔隙度和渗透率之间存在较弱的正比关系。

片贝气田储层孔隙度为 6% ~ 16%，比古井气田略低，渗透率为 0.1 ~ 10mD，与古井气田渗透率相同。储层渗透率的高值区与孔隙度的低值区相对应（低于 10% 的情况下）。

图 4-13 为片贝气田负重压力下的孔隙度和渗透率关系图。孔隙度大多分布在 4% ~ 14% 的范围内，渗透率在 1mD 以下，大多分布在 0.01 ~ 0.02mD 的范围内。另外，具有一定波动性，孔隙度和渗透率之间成正比关系。

南长冈气田各类岩性的孔隙度和渗透率分布如图 4-14 所示。玻质碎屑岩、枕状角砾岩和熔岩孔隙度范围分别为：8% ~ 20%、10% ~ 22%、6% ~ 14%，玻质碎屑岩和枕状角砾岩孔隙度略高。枕状角砾岩、熔岩和玻质碎屑岩渗透率范围分别为：5 ~ 100mD、1 ~ 20mD、<1mD。

图 4-15 为垂向渗透率（K_V）和横向渗透率（K_H）交会图。熔岩相分布在两个区域。LV1 渗透率范围：1 ~ 10mD，与枕状角砾岩孔隙度范围相邻，LV2 集中在 1mD 以下区域。各种类型岩石的 K_H 值均高于 K_V，尤其是枕状角砾岩和 LV1 熔岩的 K_H 值更高，这种情况与裂缝分布特征一致。玻质碎屑岩孔隙度较高，但渗透率相对较低，与黏土

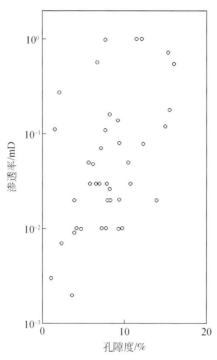

图4-13　片贝气田负重压力下的孔隙度和渗透率关系图（加藤进，1988）

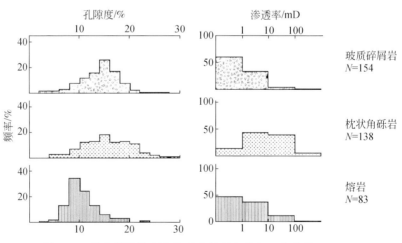

图4-14　流纹岩孔隙度和渗透率的频率分布（佐藤修，1984）

矿物转化、硅化而引起的孔径明显缩小、连通性变差有关。

　　图4-16是见附油田、吉井气田和片贝气田的孔隙度、渗透率关系图。图中显示储层孔隙度和渗透率之间不相关。三个油气田储层孔隙度范围按照大小排序的结果为：见附油田>吉井气田>片贝气田。渗透率值的分布范围大致相当。

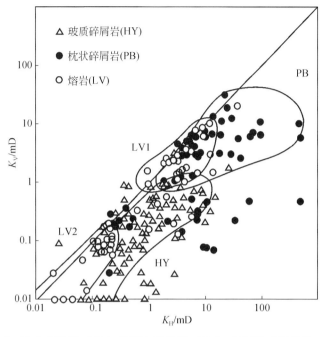

图 4-15 垂向渗透率（K_V）和横向渗透率（K_H）交会图（佐藤修，1984）

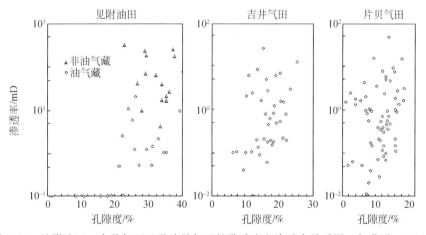

图 4-16 见附油田、吉井气田以及片贝气田的孔隙度和渗透率关系图（加藤进，1988）

（四）南苏门答腊盆地基底、Batu Raja 组和 Talang Akar 组及储层

1. 盆地构造

南苏门答腊盆地位于苏门答腊火山弧、Barisan 山脉和苏门答腊断层的东北方向。该盆地形成于早新生代，位于由中生代花岗岩、火山岩和变质沉积岩组成的基底之上。盆地的主发育期为晚始新世至早渐新世。沉积的第一个阶段为拗陷期，充填物为基岩

（SU2）受到风化侵蚀作用后形成的碎屑、碎片。晚渐新世到早中新世，先发生断裂作用，之后是热沉降，同时发生海侵，在高体系域沉积了一套细粒海相层序（SU3）。图 3-12（AA'）显示盆地东部保持伸展运动，西北部加剧了反转和收缩运动。

南苏门答腊盆地精细构造解释结果表明，盆地发育约 3km 的局部构造起伏，根据地形将该构造起伏分为三个区域（图 3-12）。东北区域有一个明显的构造高点，该高点为一个弧形的北东向逆冲断层系统，这个逆断层系统也有可能激活了先前存在的正断层，但没有发生同断陷沉积。在气田北部，地震资料能够清晰地显示该构造系统深部的主断层轨迹（BB'，图 3-12）。东部背斜是断层在东北部边缘延伸的褶皱所致。2 井、3 井和 5 井都钻遇该区域。

气田中心的逆断层经过东北边缘褶皱的核心部位，断层位移了几十米。6 井、7 井和 9 井钻遇了这个逆断层区域。

气田西南部构造域为一个双倾伏背斜隆起，发育于一个南西向倾斜的逆断层（最大断距 700m）（图 3-12），最大构造高差为 800m。背斜的西部侧翼也是全气田的西部边缘。紧邻背斜的是一个较深的致密向斜（AA'，图 3-12），西南和东北边界的逆断层从向斜两翼形成，说明了西部背斜的向斜集聚成因。主逆断层延伸到了西部背斜的核心，该逆断层是右旋走滑位移的重要组成部分。

2. 构造裂缝的类型

为评价 Suban 气田的裂缝，收集了 11 口井资料、6.3km 的岩心资料，这些资料包括成像测井资料、生产测井资料以及 160m 的 SU1 至 SU3 地层的岩心样品等。其中的 10 口井有测井、钻井资料，包括电成像（FMI 成像）、生产测井（PLT）、光电吸收截面（PE）、泥浆漏失（ML）和总泥浆气（TG）等数据。

在研究 Suban 气田过程中，发现储层中普遍发育有裂缝（图 4-17）。通过分析构造微成像数据，识别出了多种尺寸和形态的裂缝，它们都是天然裂缝。根据井筒成像曲线显示的裂缝尺寸和形态，将它们分为以下类型。

（1）强电阻率对比：大尺寸裂缝，发育于断层区域。

（2）中电阻率对比：中等尺寸裂缝，发育于断层周边。

（3）弱电阻率对比：小型裂缝，微裂缝，远离断层区域。

表 4-3 为裂缝性质与井产能统计表。通过分析井筒解释数据，将 FMI 成像识别出的 1~3 类裂缝与 ML、PE、PLT 和 TG 测井曲线进行综合分析，找出其中的对应关系，以确定天然裂缝性质与产能之间的关系。ML 事件说明钻遇裂缝或断层。PLT 测量了进入井筒的气体量，局部出现高速气流说明其来自裂缝。PE，光电吸收截面，是一种测量富含重晶石钻井泥浆侵入裂缝断裂的方法。TG 曲线测量循环钻井泥浆中的含气量。含气量的快速变化说明天然气通过裂缝进入泥浆液。图 4-18 为 D2 井的裂缝分析结果，其左侧为测井曲线和岩性柱，岩性柱右侧栏为裂缝的各项指标，为了消除样本偏差，测井曲线都经过了 Terzaghi 矫正。裂缝密度被定义为井筒中每 5m 深度中总裂缝出现的数量（井筒成像资料定位裂缝的精度为厘米级，与之相比，上述几种测井资料的分辨率为 1m 至几十米，所以选择裂缝密度的单位为每 5m 深度井筒中裂缝的数量），一般

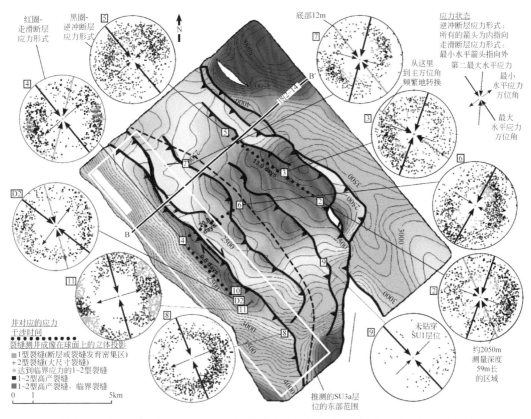

图 4-17　Suban 储层顶面构造图及井位图（暖色代表构造高点）（Hennings，2002）

随着深度的增加而增加。地层单元 2 与 SU3a 的裂缝密度为每 5m 1～7 条，平均每 5m 4 条，基底的裂缝密度为每 5m 1～15 条，平均每 5m 8 条。

　　由于钻井泥浆处理技术会对 ML、PE 和 TG 数据产生影响，很难进行定量解释。只能从 1 类和 2 类裂缝总数里半定量地识别产气裂缝（见图 4-18 累计出现的裂缝列和裂缝密度列）。产气裂缝数量分布并不均衡，4 井的产气裂缝为 143 条（占井中裂缝总数的 17.9%），而 5 井的产气裂缝只有 3 条（占井中裂缝总数的 0.3%）（表 4-3）。虽然大多数的 3 型裂缝有利于 SU1 地层中的气藏储存，但没有将它们纳入研究范围，因为它们部分或全部被矿化物质填充。正如以下所述，在井中所识别出的裂缝总数与井的产能没有较强的正相关性，但某些性质的裂缝与井的产能有较强的正相关性。

3. 构造裂缝与气藏产能的关系

　　表 4-3、图 4-19a 和 b 给出了每口井估算的井筒裂缝性质和绝对无阻流量（AOF）的关系。AOF 是井中的流体在零压力的条件下，在理论上能达到的最大产量。通过应用线性回归（R^2 为相关系数，值越高，表明拟合度越高）拟合不同性质裂缝特征与产

表 4-3　裂缝性质与井产能统计表

参数	井号											R^2
	D2	2	3	4	5	6	7	8	9	10	11	
井性能（AOF，$10^9 ft^3/d$）	0.350	0.129	0.041	0.357	0.070	0.124	0.119	0.088	0.004	2.5	1	
井筒与储层接触长度/m	345	550	560	930	180	420	240	400	50	197	778	0
产气裂缝	45	66	11	143	3	27	8	51	1		10	0.01
产气裂缝（除 11 井）	45	66	11	143	3	27	8	51	1			0.56
产气裂缝，临界应力（$\mu \geq 0.6$）	10	1	1	32	1	3	0	6	1		1	0.03
1~3 类裂缝总数	552	878	767	800	930	1055	556	903	63		1250	0.26
1+2 类裂缝数量，临界应力（$\mu \geq 0.5$）	214	254	204	323	280	350	156	279	16		607	0.67
1+2 类裂缝数量，临界应力（$\mu \geq 0.6$）	91	77	56	140	32	117	37	63	2		379	0.93
1+2 类裂缝数量，临界应力（$\mu \geq 0.7$）	10	3	2	12	0	0	0	0	0		153	0.90
1+2 类裂缝数量，非临界应力（$\mu < 0.6$）	444	801	711	660	898	938	519	840	62		871	0.06
$\mu \geq 0.6$ 的 1+2 类裂缝数量与临界缝（$\mu \geq 0.6$）数量的比率	16.5	8.8	7.3	17.5	3.4	11.1	6.7	7.0	3.2		30.3	0.93

注：R^2 为线性回归的相关系数；AOF 为理论上井的最大产量

能关系曲线，如 R^2 值所显示，井筒-气藏接触面长度和产能之间没有明显的关系。裂缝（1 类、2 类、3 类）总数与产能之间存在着较弱的正相关关系（$R^2 = 0.26$）。井筒中的临界应力裂缝的数量与产能存在很强的正相关关系。

临界裂缝就是断裂面上测得的剪切应力与正应力的比值 $\mu \geq 0.6$ 的裂缝。这个 0.6 是如何获取的？其来源于产能与裂缝应力关系的线性评估，以确定储层中裂缝的应力系数与产能之间的关系。从上面这个简单的线性分析中可得出这样的结论，当裂缝的 $\mu \geq 0.6$ 时，井产能明显受井筒穿过的临界应力裂缝数量控制（$R^2 = 0.93$）。结果也证实了以下假设：与 $\mu \geq 0.5$ 和 $\mu \geq 0.7$ 相比，$\mu \geq 0.6$ 是一个关键数值点。这个假设也被下一节提到的室内裂缝应力分析实验所验证。

图 4-20 总结了每口井的应力状态和量级大小。Suban 气田井根据应力状态分为两组：A 组，D2、8、11 和 7（低部位）井有着一致的张性应力状态，A 组的应力梯度相对较低，应力梯度为 12~16kPa/m。上部区域的 4、9 井组应力状态在走滑和逆断层之间过渡。B 组的应力梯度比 A 组高，应力梯度为 20kPa/m。B 组 2、3、5、6、7（高部位）井是明显的逆断层应力状态。

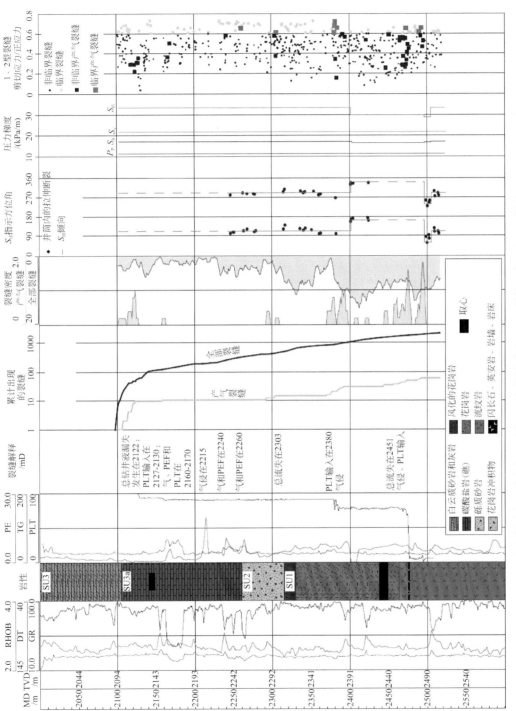

图4-18　D2井筒数据汇编实例。研究区所有井的裂缝与应力应力特性：岩石力学分析（Hemmings，2002）

汇编如下信息：岩石物理性质曲线、岩性、钻性、裂缝、裂缝渗透率的产量指标、裂缝解释、压力方向和量指级。
岩石力学分析。PEF=光电吸收截面指数曲线，MD=测量深度，TVD=总垂深，RHOB=密度（g/cm³），
DT=声波时差（μs/ft），GR=伽马曲线（API），PE=光电效应（API），TG=总气（API），PLT=生产测
井（%），S_H=最大地层压力，S_h=最小地层压力，S_P=孔隙压力，S_v=垂向地层压力，SU=地层单元

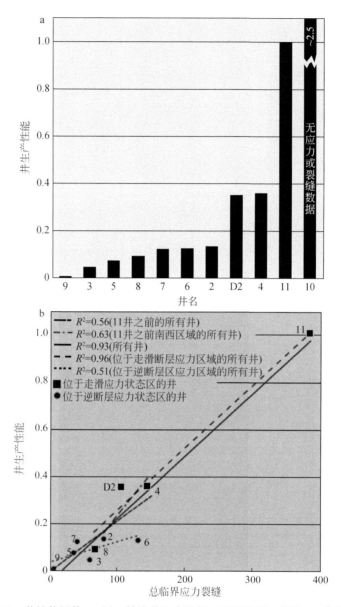

图 4-19　井性能评估，a 图 Y 轴为井生产性能（无阻流量，单位：$10^9 \text{ft}^3/\text{d}$）；
b 图为选择井组的流体性能与选择裂缝特性数据关系图，R^2 为相关系数（Hennings，2002）

除了 8 井以外，其他井都处于断层下盘位置，产能最高的井都出现在沿气田西南部背斜脊部的 A 应力区，这里的水压特征受到临界应力裂缝密布的影响。虽然在 10 井没有采集到裂缝和应力数据，但根据其位置和产能将其划为入区。

二、储集空间发育的控制因素

刚从地下喷出的火山岩浆在成岩阶段经历了各种作用，岩性范围从非熔结凝灰岩

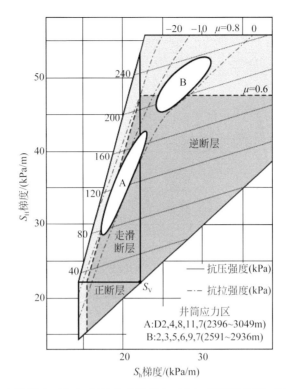

图 4-20　最大水平应力（S_H）与最小水平应力（S_h）梯度对比图（Hennings，2002）
概括了 Suban 气田的井筒应力状态。阴影多边形表示预测的应力状态（总应力）和相关断层形态，椭圆表示井筒应力分析结果。由于受到了构造区域的控制，并能够被大致地划分为两个组（A 和 B），多边形的外边界被 $\mu=0.8$ 所约束，$\mu=0.6$ 的边界也有显示。S_V 为垂直压应力，μ 为滑动摩擦系数

到致密的火山玻璃、熔岩，这些火山岩都显示出不同类型的原生孔隙，但没有被后生作用改变的火山岩在自然界中是很少见的。通常不同的作用都会引起矿物成分和结构的变化，继而导致次生孔隙的形成。每一种孔隙类型对于总孔隙度、渗透率的影响主要依赖于其形成过程，以及形成后遭受的后成岩作用。

（一）原生（同生）作用

阿根廷内乌肯盆地的 Precuyano 组的火山岩储层和 Austral 盆地的 Serie Tobi fera 组火山岩储层所经历的各种成岩作用中，能够产生孔隙原生作用的有：熔结作用、冷却作用、岩浆作用后期的晶体溶解作用、气体释放作用、流体碎裂作用、自碎角砾化作用和晶体碎裂作用等。

1. 熔结作用

在熔结凝灰岩沉积物的早期冷却史中，熔结作用是首先发生的成岩作用。在非熔结-中等程度熔结的凝灰岩中，孔隙类型主要有气孔、疏松的玻屑堆积物和非塌积浮石

碎屑间的孔隙。除了玻屑间的孔隙，还有浮石内孔隙（表4-4，图4-21a～d）。

表4-4　火山岩原生作用、次生作用与对应的孔隙类型（Sruoga and Rubinstein, 2007）

作用类型			孔隙类型	效果
原生（同生）作用	熔结		屑间孔	孔、渗的增加与压缩程度成反比
	岩浆作用后期的晶体溶解		晶粒内筛状孔	难以评估
	气体释放		气孔状构造和气管	有效，可增加渗透
	破裂	流体碎裂	层间孔、微裂缝	无效，产生的孔不连通
		自碎角砾化	屑间孔	有效，可增加渗透率
		充填斑晶包裹体的破碎	晶间孔	无效，产生的孔隙不连通
	裂缝	冷却	冷却裂缝	增加孔、渗
次生作用	蚀变	溶解和再生矿物的沉淀	筛状孔	溶剂有助于内部孔隙的连通，再生矿物沉积会降低孔隙度
		再生矿物在开放空间的沉淀	晶簇状孔	降低孔隙度
		机械移除自生矿物	筛状孔	难以评估
	裂缝	构造	构造裂缝	
		热流角砾化	晶簇状裂缝	增加孔、渗

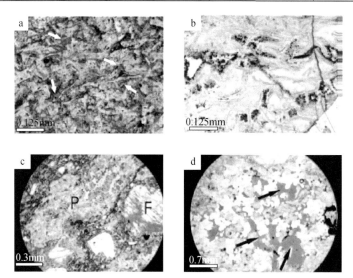

图4-21　内碎屑孔隙（a）：非熔结凝灰岩中的碎屑间的小孔，Barranca de los Loros 地区，岩心1。熔结凝灰岩（b），强碎片压扁作用，没有观察到孔隙空间，Campo Bremen 油田，AC Bre x-8。浮石内部的孔隙（c）。P 为浮石，F 为长石结晶。Barranca de los Loros 地区，岩心2。浮石内部的孔隙（d）：未被压扁的浮石碎片的内部的小孔（箭头），Barranca de los Loros 地区，岩心2（Sruoga and Rubinstein, 2007）

随着熔结等级的增加，孔隙度数值逐渐减小。非熔结的浮石凝灰岩表现出高孔隙度值（平均53%），弱熔结火山灰流凝灰岩有较高孔隙度值（平均34%），而中等-致密的熔结凝灰岩表现出中等孔隙度值（平均15%）。

Austral 盆地 Bremen 油田的岩心孔隙度值变化很大，这归因于熔结程度的垂直分异性。岩心包含非熔结到中度熔结的凝灰岩与少量外碎屑堆积物互层。气相结晶体和伴生气管发育普遍，可以观察到典型的浮石内和碎片间的孔隙。非熔结的凝灰岩表现出高孔隙度值，达到26%。然而，评价熔结作用对孔隙的影响很困难，气管和气孔的因素很难剔除。在熔结程度高的区域，孔隙度降到了4.8%（表4-2）。

内乌肯盆地 Barranca de los Loros 地区的岩心1和岩心2含有熔结凝灰岩，在岩心样品中观察到不同熔结程度的凝灰岩、浮石内部和玻屑间孔隙类型。在中等熔结凝灰岩（孔隙度为14%）和非熔结凝灰岩（孔隙度为18.56%，表4-2）中，孔隙度还是比较理想的。虽然后期有溶解作用叠加到原生孔隙上，但熔结作用仍然是重要的控制因素。由于孔隙具有不连通性，这两块岩心的渗透率都不高，中等熔结岩心的渗透率低于1mD，非熔结岩心的渗透率为1~15.76mD（表4-2）。

2. 岩浆作用后期的晶体溶解作用

在岩浆作用的后期，长石的蚀变作用发生在低 pH 液体中的初始溶解阶段，接着发生的是新长石的沉淀阶段。长石溶解最好的时机出现在残余晶体中的气态结晶形成之后和新形成的钾长石沉淀之前。

由此产生的筛状孔隙结构随机分布，从微小的晶体内部到较大的晶体间，孔隙可能为筛状或溶模状晶内孔隙或晶间孔隙（表4-4，图4-22）。虽然这种类型的孔隙能够增加总孔隙度，但孔隙之间不连通，渗透率很低。因为随后的溶解的长石再沉淀可能就部分或完全充填在原生和溶解生成的孔隙空间中。

图4-22　晶体内部的筛积孔隙（a）：在局部被溶解的钾长石中发育的微小孔隙（箭头），
Barranca de los Loros 地区，岩心3。晶体内部的印模孔隙（b）：几乎完全被溶解的钾长石。
Barranca de los Loros 地区，岩心3（Sruoga and Rubinstein，2007）

这种类型的孔隙一般都可以在流纹岩和熔结凝灰岩中观察到。Austral 盆地 Cerro Norte 流纹岩包含大量斑岩。斑晶占了这类岩石成分的30%~40%，包括了不同类型的矿物，如石英、钾长石、少量黑云母和不透明矿物、基质。

Austral 盆地和内乌肯盆地的熔结凝灰岩中发育有筛状孔隙结构的钾长石。然而晶体溶解对总孔隙度的贡献较难评估，这是因为还有其他作用叠加在溶解作用上，如熔结作用、岩流破碎作用和气体释放作用。

3. 气体释放作用

由于快速减压，岩浆中的易挥发成分在地表快速扩散。在火山熔岩中经常可以看到这种作用的影响。

熔结凝灰岩由于具有较强的热保留能力，要经历一个长时间的冷却过程。非熔结和轻微熔结的熔结凝灰岩一般发育有气相结晶层，该层通常在冷却单元的上部发育。高温气体的释放可能会持续很长时间，并受到熔结程度、凝灰岩冷却速度和挥发组分的数量与成分的影响。但是，这种结晶层的发育主要取决于孔隙空间的发育程度，没有孔隙空间，不出现气相结晶现象。气相结晶是鳞石英、方石英或石英的小晶簇状结晶。根据晶簇是否环绕于孔洞边缘发育（表4-4），伴生孔隙可能是多孔或蜂窝状气相结晶的晶间孔（图4-23a～c）。

在显微镜下，气管型孔隙大致呈现树枝状形态，它们主要沿侵位面垂直发育，一般与塌积的浮石碎屑局部连接。与气管有关的孔隙（图4-23b，表4-4）因为可以形成有效的通道网，一般渗透性很好。

挥发作用对促进脱玻化起到关键作用。但是，火山玻璃转变成结晶时体积并不发生显著的改变，因此，原始孔隙度不会有很大改变。

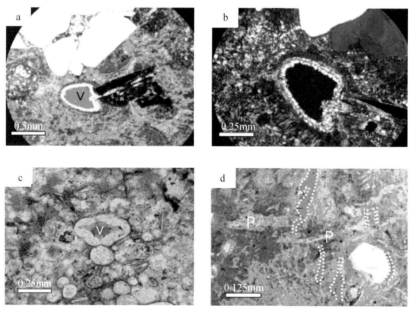

图4-23　气态结晶的多气孔构造（a），V＝气泡，Barranca de los Loros 地区，岩心3。
被气态结晶多孔状构造包围的孔隙空间（b），Barranca de los Loros 地区，岩心3。
多孔状孔隙（c），V 为气孔，Barranca de los Loros 地区，岩心4。
气管孔隙（d），气通道为联通的裂缝（带点的线），垂直于浮石碎片（P），
Campo Bremen field，AC Bre x-8（Sruoga and Rubinstein，2007）

Austral 盆地的 Campo Bremen 非熔结凝灰岩发育气管类孔隙，这些裂隙长几厘米，有着各种弯曲的形状。该凝灰岩伴生有气相结晶孔，包括小的全晶形石英和钾长石晶间孔。含有气管的非熔结凝灰岩表现出高孔隙度和渗透率（表 4-2）。缺少气管孔隙的非熔结凝灰岩表现出低孔隙度和低渗透率。气管的出现对渗透率影响较大，它能够将渗透率的值从 0.03mD 提高到 164mD。

4. 流体碎裂作用

在高黏度岩浆内，层流导致叶理流、空穴和自碎角砾岩化作用。

叶理流构造记录了岩浆运动过程，叶理可能是水平的（流状条带或薄层），或者呈不同程度的弯曲褶皱。叶理通过结晶程度、孔隙发育程度、粒度大小、球粒丰度、脱玻化程度和颜色的差异来区分。其伴生孔隙空间（被称为层流孔隙）是在层流过程中由于剪切应力作用而生成。张力裂缝孔隙通常发育在应力垂直于流体的主要流向范围内（图 4-24a，表 4-4）。

空穴现象是由于岩浆体处于塑性–脆性过渡时期，不能流动而形成的。空穴孔隙与气孔和晶洞不同，其孔壁粗糙（图 4-24b、c），这些类型的孔隙（表 4-4）相互间并不连通，不是有效的孔隙，因此不会提高渗透率。

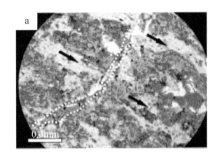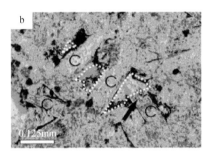
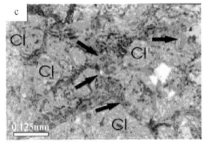

图 4-24 张性的裂缝孔隙（a）（带点的线），垂直于薄层的熔岩流方向（箭头），Barranca de los Loros 地区，岩心 4。空穴现象（b）：小平行四边形的孔隙（带点的线）发育在晶体（C）之间。碎屑间孔隙（c），孔隙空间（箭头）为碎屑岩（Cl）间裂缝系统。Cerro Norte field，ACCN-28（Sruoga and Rubinstein，2007）

5. 自碎角砾化作用

熔岩流动时的热反差导致自碎角砾化作用出现。流纹岩碎屑形成时堆积相对松散，在角砾化作用过程中形成多条裂缝，孔隙空间一般沿熔岩碎屑边界发育。这种类型的屑间孔隙度（表4-4）虽然较小，但它们可能形成连通的网络系统，提高渗透率。

Cerro Norte 流纹岩含有自碎角砾岩层段，含内碎屑孔隙（图4-25a、b），叠加在晶内孔隙之上。岩石总孔隙度的范围在13%~28%，渗透率在0.01~6.7mD（表4-2）。

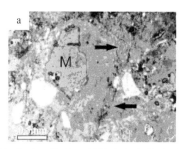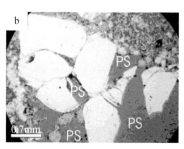

图4-25　碎屑间孔隙（箭头）+晶体内的印模孔隙（M）（a），Cerro Norte field，AC CN-28。碎片晶体（b）（PS为晶体碎片间的孔隙空间），Barranca de los Loros area，core（Sruoga and Rubinstein，2007）

内乌肯盆地 Barranca de los Loros 地区的4号岩心为流纹质熔岩，含有自碎角砾岩和流纹状条带的层段，具有中等-良好的孔隙度为12.7%~23.05%，平均18%。中孔隙度（17%~20%）对应于自碎角砾段，高孔隙度（22%~23%）与构造裂缝相对应。

6. 晶体碎裂作用

火山碎屑喷发时，气化引起包裹体中填充的斑晶经历强烈的破碎作用，在破碎的晶体之间形成孔隙空间，称为破碎结晶型孔隙（表4-4）。

在斑状熔岩和火山碎屑岩中发现了破碎斑晶，它们形成的是孤立孔隙（图4-26a），对有效孔隙度没有多大影响。

7. 冷却作用

收缩裂缝是在热岩浆骤遇冷水时发生的，通常出现以在下几种环境：火山在水下喷发、岩浆流入水中或富含水的沉积物时。与冷却相伴生的应力作用一般会生成相互连通的裂缝网络（图4-26b，表4-4）。剧烈的碎裂作用形成玻质碎屑岩，具有原地破裂特征，如角砾岩构造作用会造成矿物碎屑颗粒的减小。如果在这些开放孔隙中没有次生矿物沉淀，孔隙度和渗透率会很高。此外，火山玻璃的水化作用会导致蛋白石化，也会进一步增加孔隙度和渗透率。

（二）次生作用

次生作用受成岩环境的影响，大体上包括两类：蚀变作用产生的孔隙和裂缝。

1. 蚀变作用产生的孔隙

蚀变作用为化学和物理作用而引起岩石结构和矿物的改变，蚀变作用有很多种类，

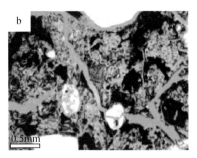

图 4-26　空穴现象（a）：晶体间微小的孔（带点的线）被观察到。Barranca de los Loros 地区，岩心 5。淬火裂缝孔隙（b）：连通的多面体网状裂缝，海相区域，O-39（Sruoga and Rubinstein, 2007）

如成岩作用、风化作用、低级变质作用和热液蚀变作用。蚀变作用的孔隙度受到岩石原生孔隙的制约。蚀变作用包括原始矿物成分被溶解、替代和在新形成的开放孔隙中沉淀次生矿物。替代作用开始于原生矿物的溶解阶段，随后为次生矿物的沉淀。这个过程不仅仅表现为化学成分上的变化，可能会有质量损失。原生矿物的溶解作用会生成较小、中等或者较大的（图 4-27a、b）孔隙，称为伴生孔隙（图 4-27c），从岩心上观察为多孔状形态。而次生矿物的沉淀会局部填充开放孔隙，从而降低孔隙度。当次生矿物局部填充气孔和裂缝时，会形成晶簇孔隙（表 4-4，图 4-27d）。

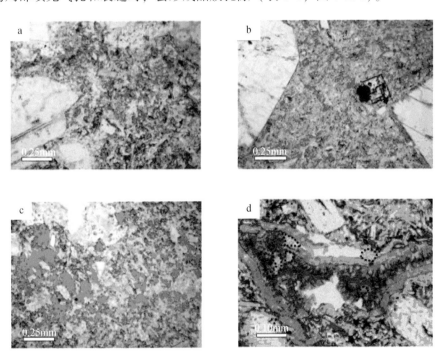

图 4-27　海绵状的孔隙（a）：基质中的小孔。Barranca de los Loros 地区，岩心 2。海绵状的孔隙（b）：中等尺寸的孔隙，Barranca de los Loros 地区，岩心 2。洞穴孔隙（c）：对比 a 和 b，大尺寸的孔隙，Barranca de los Loros 地区，岩心 2。晶簇状孔隙（d）：次生矿物部分充填了气泡，减小了孔隙空间（带点的线）。Barranca de los Loros 地区，岩心 5（Sruoga and Rubinstein, 2007）

疏松充填、细粒聚集的次生矿物，如黏土和绢云母间也会形成不连通的孔隙。岩性描述显示样品发育遭受高度蚀变作用后的凝灰岩孔隙（表4-4，图4-28a），表现为低孔隙度和低渗透率（4%和0.113mD）。

在快速成岩环境下，次生矿物，尤其是细粒聚集的矿物，会因力学或化学原因造成迁移，形成次生筛状或溶模孔隙（表4-4，图4-28b）。

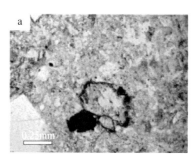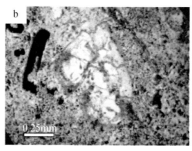

图4-28　交代作用（a），镁铁质的晶斑被黏土和绢云母聚合物所交代形成小而孤立的孔，Barranca de los Loros 地区，岩心2。次生筛状孔（b），Barranca de los Loros 地区，岩心5（Sruoga and Rubinstein, 2007）

Austral 盆地 Oceano 油田的玻斑岩孔隙受火山玻璃溶蚀程度的影响（表4-2），孔隙度（15%~37.6%）和渗透率（>1mD）有所增加。通过研究内乌肯盆地 Barranca de los Loros 区域的岩心2发现，火山玻璃溶蚀对孔隙度（16%~18.56%）与渗透率（1~8mD）（表4-2）的增加没有显著影响，但是对孔隙的连通性有显著增强作用。

虽然带状和筛状孔隙在 Austral 盆地和内乌肯盆地的岩心中普遍存在，但它们对总孔隙度和渗透率的贡献很难评估，因为有其他类型的作用叠加在它们之上。

2. 裂缝

有两种作用会生成次生裂缝：构造作用和热液角砾化作用，构造裂缝属于构造作用的范畴，将在（三）构造裂缝中单独讨论。

热液角砾化作用：热液流体一般处于高压状态下，容易使围岩破裂，形成环流通路。非渗透阻挡层下的流体聚集会导致压力升高，当孔隙流体压力超过岩石静压力和岩石体的抗拉张强度时会出现液压裂缝，随后流体通过该裂缝流出。渗透率的增加会降低压力，继而导致新的矿物沉淀，封闭裂缝，重建不渗透层，开始又一轮的循环。液压裂缝被新沉淀的矿物充填，局部或者全部封闭新的开放孔隙，形成晶簇角砾孔隙类型（表4-4）。这种孔隙度的发育取决于次生矿物在裂缝中沉淀的数量，而沉淀数量受热液流体条件控制。

在 Barranca de los Loros 地区，岩心3的熔结凝灰岩和岩心5的安山岩中发育有晶簇状角砾岩孔隙（图4-29）。岩心5中的安山岩孔隙度和渗透率很高（21.27%和205.3mD，表4-2），表明遭受了强烈的热液角砾化作用。

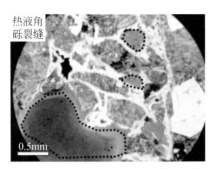

图 4-29　晶簇状角砾岩裂缝，二氧化硅沉淀物填充了大多数裂缝，减少了
孔隙空间（虚线），Barranca de los Loros 地区，岩心 3（Sruoga and Rubinstein, 2007）

（三）构　造　裂　缝

高产的侵入岩和基岩的储层一般都发育有大量的构造裂缝，但是裂缝发育密集的火成岩体是否就是高质量的储层？裂缝发育的构造部位和裂缝的应力性质是决定其能否成为有效裂缝的关键，也是下面重点讨论的问题。

1. 应力

1）应力性质

应用 Zoback 的经验关系公式，通过拟合开放状态下岩石的耐压强度（UCS）与纵波速度之间的关系公式来估算储层岩石强度。计算 Suban 气田的 UCS 范围为 100 ~ 210MPa，中值为 160MPa。西南构造域 4 井的 UCS 中间值为 160MPa，中心构造域井 6 的 UCS 为 170MPa。

图 4-18 中显示的 D2 井筒裂缝应力分析结果再次验证了以上的计算结果。在 D2 实例中，深度 2247 ~ 2383m 范围内存在一致的 128° S_H 方位角。大约在 2400m 处，方位角突然增加到 164°，与构造和岩性边界一致。这个区域发育有一个较小的但在地震资料上可以识别的断层。张性裂缝在井下距该边界约 30m 处消失，但是 S_H 的方位角仍为 164°，一直保持到约 2490m 处的张性裂缝组。根据 11 井分析，该层段上 164° S_H 方位角是恒定的，11 井距 D2 井约 500m，在该深度有相同的 S_H 方位角。通过对比井筒 2490m 及以下的岩体 S_H 方位角，计算结果与井筒中的观测结果是一致的。

D2 井区为张性应力状态（$S_H > S_V > S_h$），S_H-S_h 梯度为 12 ~ 16kPa/m。2400 ~ 2490m 层段 S_H 梯度略有减少，由于水平应力存在比较小的差异，需要观察张性裂缝，测得 S_H 方位角约为 164°，与先前的 128° S_H 方位角形成了对比。总之，D2 井随着深度的增加有两种不同应力状态，有不同的 S_H 方位角和水平应力。

Suban 气田应力方向存在显著变化，这种变化受构造域的影响，随着深度的增加发生改变（与储层规模有关）。西南构造域所有井（D2 井、4 井、8 井、11 井）的应力分析数据显示，该区为张性应力状态，S_H 方位角大致平行于该区域的主构造方向，D2

井与 4 井各自拥有二次北向 S_H 方位角，该方位角与小断裂有关。

除了 7 井的下部以外，油田 2 井、3 井、5 井、6 井、9 井都处于逆断层应力状态。虽然在逆断层区域的主 S_H 方位角是北—北东向，但 5 井与 9 井有北西向 S_H 方位角，与西南构造域的 S_H 方位角相似。有几口井的 S_H 方位角随着深度的变化而变化，7 井距离井底 12m 处有 50m 厚层段体现了这种变化，2 井也有北西向 S_H 方位角。3 井有着最复杂的局部应力，S_H 方位角自北东向北西旋转。

2）裂缝和应力

通过进行室内岩石摩擦实验，研究了结晶岩裂缝应力状态，计算出裂缝的滑动摩擦系数值为 0.6，达到 0.6 时，由应力引起的破裂开始发生，从而增加渗透率，达到临界应力。例如，D2 井有 45 条压裂裂缝和 91 条临界应力裂缝（表 4-3），10 条裂缝既是压裂裂缝也是临界应力裂缝。

为了分析应力对各种裂缝所起的作用，建立了深度-应力状态关系。经过井间对比分析，可以得到临界应力裂缝方向变化的结果。如 11 井有随着深度变化而应力不变的特性，但 D2 井、2 井、3 井、4 井和 7 井，随着深度的变化，应力方向和大小都有变化。

应力状态是控制裂缝性质的最主要因素。气田东北区和中心区域的井（逆断层应力状态）有倾角为 20°~40° 的临界应力裂缝。例如 6 井，有 117 条临界应力裂缝，其中包括 3 条压裂裂缝，主要是北西走向。在西南区域（走滑应力状态）的井有倾角为 60°~90° 的临界应力裂缝，北—北东走向。再如 11 井有 2 个明显的临界应力裂缝簇，有向北的走向和陡倾角、10 条生产裂缝和 11 个小断层带。可以将这个认识用于新井的设计方案中，让它们的井轨迹尽可能多地钻遇临界应力裂缝。

2. 断层

通过精细解释气田西南构造域，确定了气藏研究区断层的规模和特征，并且将解释成果（图 4-30）应用到基于裂缝式气藏动态建模中。总共解释了 27 条断层，均为逆断层，长度范围从 50m 到 1.2km。走向与西南构造域主断层近乎平行。断层集中于沿背斜脊部形成的西南构造域 1km×8km 区域内。根据走向可将断层分为两类，一类是北—北西向，共 10 条，另一类是北西向，共 17 条。断层的倾角为 55°~80°，主要平行主断层，但有几条断层具有相反的倾向。断层的倾向滑距范围为 8~180m。对于大多数断层来说，上盘切穿 SU1~SU3，进入 SU4。由于 SU1 地层以下的地震波反射很弱（图 4-30），导致三维数据体分辨率很低，大多数断层在 SU1 深度向下的延伸趋势和轨迹尚不确定。

裂缝模型验证了气藏研究区的断层解释成果。例如，D2 井，在测深 2122m、2303m 和 2451m 处有明显的钻井泥浆漏失事件。每一次漏失事件都与临界压力裂缝簇吻合（图 4-31）。11 井也验证了上述特征。8 井的轨迹和一条断层走向平行，在该井中观察到裂缝密度有随着井轨迹接近断层而增加的趋势。

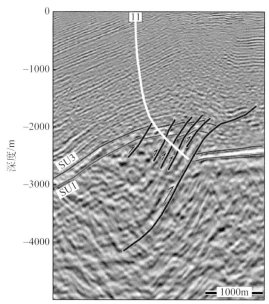

图 4-30 储层级别断层的三维地震精细构造解释成果，与西南构造域的井相对应

地震剖面是深度域的（SU = 地层单元）

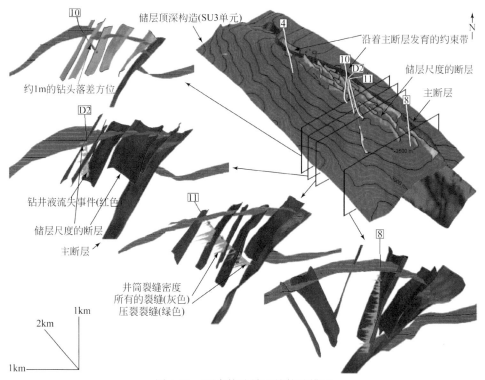

图 4-31 西南构造域三维构造模型

模型为沿背斜脊部气藏范围断层精细解释，代表构造域的渗透率分布。剖面切片显示西南构造域井的轨迹和构造环境。沿着井筒突出显示钻井液漏失位置，说明是断裂或密集裂缝区。裂缝密度以沿井筒的测井轨迹显示

　　综合断层解释成果和井筒裂缝分析成果，得出了这样的认识：西南构造域的气藏普遍分布构造成因的临界压力裂缝，气藏内的断层周围密集发育临界应力裂缝簇。这个认识被井间的压力干扰分析结果所证明。图 4-17 给出气田内三组井的压力脉冲实验数据。压力脉冲从 4 井到 D2 井（井距约为 4km，位于西南构造域），需要 12 小时。相比之下，沿着北东-南西向方位角的 4 井到 6 井（井距约为 1.9km），时间为 20.8 天。东部构造域的 2 井到 5 井用了 13 天，比西南区域所需时间大大增加。显然，南西构造域脊部的北西-南东向裂缝的连通性比气田其他地区的裂缝连通性更强。

　　西南构造域与断层有关的褶皱几何形态表明有明显的倾向滑动发生。气藏内的断层大部分密集地发育在东南，紧邻主断层，呈条带分布。走向更加趋向于北西向，与主断层的北-北西向不同（图 4-31）。该形态断裂与预测模型一致。裂缝集中在一个右旋走滑或扭压系统的变形带上。这个预测成果被以下两点所验证：沿南苏门答腊盆地北西向断层发生区域性右旋运动，气田西南构造域 S_H 方位角为北西倾向。

　　西南构造域应力状态是如何影响气藏内断层的？通过裂缝应力分析，研究剪应力和正应力关系的方法来确定西南构造域的应力状态。假设剪应力和正应力的比值 $\mu = 0.6$，应力方向和梯度来自 4 井、8 井、11 井、D2 井（图 4-20，应力状态 A）。为了直观表达讨论结果，本书通过图 4-32a 给出了要到达破裂发生时的临界压力状态所需的增加（+）和减小（-）孔隙压力（滑移拟真指数）。在 2500m 深度，储层孔隙压力约为 30MPa。经分析，启动走滑状态需要孔隙压力范围在 22~40MPa，因此压力拟真值需要减小 8MPa 或增加 10MPa（图 4-32b）。北西走向的断层一般都有着较高的滑移性，意味着存在的孔隙压力接近或超过了能够让它们进行滑动的应力值。北北西走向的断层一般需要附加 2~10MPa 的孔隙压力才能达到走滑运动状态。在断层系统区域，大约 40% 的断层有潜在活动的可能。如果以某种方式向该系统中增加 5MPa 的孔隙压力，它们的地质力学参数会被轻微改变，具有潜在活动可能的断层数会增加到 90%。D2 井钻遇两条断层，滑移拟真值分别为 3MPa、4MPa。

　　主体构造决定了 Suban 气田现今的构造形态，主要的构造运动为逆冲、挤压运动。这些构造运动加剧了裂缝的发育，并形成了显著的侧向应力系统。沿着气田西南、南和北侧，能观察到局部的 S_H 方向旋转了 90°。重要的变化在 S_H 方位角和应力梯度上，这种变化与小断层的发育有关。在西南构造域中，当背斜顶部向右倾向变形的时候，气藏内断层沿着背斜脊部形成。这些断层是重要的临界应力区域。

　　Suban 气田的储层中普遍发育断层。在井筒中识别出的裂缝总数与产能的关系不如临界应力裂缝数量与产能的关系密切，临界性应力裂缝总数是最强生产性能的指示器。张性应力区域发育有高密度的临界应力裂缝，通过增加裂缝连通性和压裂临界应力缝隙数量，能够提高气藏产能。同时从图 4-17 上来看，张性应力区的构造高部位发育有高密度的临界应力裂缝。临界应力断层系统及其断裂发育密集区是较好的目标区域。

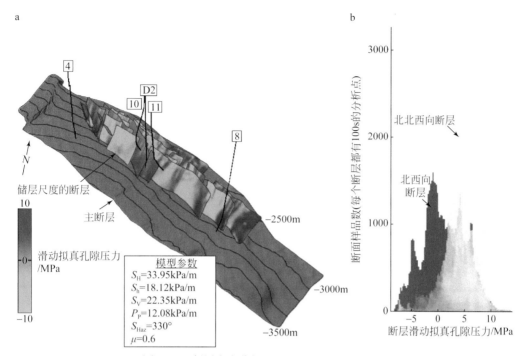

图 4-32 断层应力分析（Hennings et al.，2002）

a. 气藏内断层滑移拟真值用颜色表示，绿色部分代表断面滑移拟真孔隙压力值超过了滑动所需的值。

b. 滑移拟真结果累积分布图（西南构造域气藏内断层），显示断层走向首先受到滑移拟真值的控制，北西

走向断层组有更多滑动倾向。蓝色部分代表需要额外孔隙压力引起滑动。S_H = 最大水平应力，S_h = 最小水平

应力，S_V = 垂直应力，P_p = 孔隙压力，S_{Haz} = 最大水平应力方位角，μ = 滑动摩擦系数

第三节 储层发育的主控因素

通过探讨阿根廷内乌肯盆地、Austral 盆地和印度尼西亚南苏门答腊盆地的火山（成）岩油气藏储层发育的控制因素，总结了影响储集空间的主要作用：

（1）原生（同生）作用中，非熔结和气体释放作用的结合，会给凝灰岩带来较高的孔隙度和渗透率。而自碎角砾化成岩作用会增加熔结流纹岩、流纹碎屑岩的孔隙连通性，进而提高这类岩石的渗透率。冷却作用，尤其是水下的冷却作用会形成大量互相连通的裂缝，进而形成连通网络，使得岩石的渗透率大幅度提高。所以在水下喷发形成的火山岩可以作为优先考虑的目标。

（2）次生作用中，首推热液角砾化作用。热液流体一般处于高压状态，容易使围岩破裂，形成环流通路，增加岩石的渗透率。这种裂缝类型在阿根廷内乌肯盆地被压缩的凝灰岩和安山岩中均有发育，通过增加裂缝的连通性来改善岩石的储集性能。

而蚀变作用首先受到原生作用的限制，而且在蚀变作用发生的过程中一方面会增加孔隙度，如溶蚀作用；另一方面又会降低孔隙度，如在溶蚀原生矿物的同时会产生次生矿物充填孔隙。所以溶蚀作用对储集空间的影响要具体分析。

（3）构造裂缝。对于构造裂缝来说，并不见得构造裂缝多的区域，岩石的储集性能、生产性能就一定好。我们经常用裂缝数量和渗透率来评价裂缝的有效性，但影响裂缝有效性的关键因素在于裂缝的发育部位和应力场性质。从发育部位来讲，位于张性断裂部位附近构造高点的裂缝一般为张性裂缝，其生产性能很好，而位于挤压部位的裂缝一般具扭压性，其生产性能并不乐观。从裂缝的应力场性质来讲，其区域内的剪应力与正应力的比值决定了裂缝的储集性能。通过上面的研究可知，比值为 0.6 是一个临界点，大于 0.6 的裂缝有较好的生产性能，对应高产储层。同时，比值高的裂缝，一般都发育在构造高部位、张性断裂系统附近。

总之，从构造上来看，深成岩和火山岩储层一般分布在张性断裂或构造高部位。从储层所经历的成岩作用角度来看，经历水下喷发、非熔结、气体释放作用和热液角砾化作用的火山岩是比较理想的油气聚集带。例如，阿根廷的 Precuyano 阶火山岩储层中的岩浆岩发育有大量的相互连通的水下冷却裂缝网络，是重要的油气储集空间。

第五章　岩浆、火山作用与成藏

在传统的油气勘探中，火山岩由于形成时伴随高温环境，不利于油气成藏，被视为油气勘探的"禁区"，不纳入油气勘探的领域。随着油田勘探开发事业的发展，多个大型火山（成）岩油气藏被发现，说明火山（成）岩在形成过程中、形成后所发生的各种作用对油气成藏不只有消极因素，也有积极因素。

本章以越南九龙盆地白虎深成岩（花岗岩）油田、阿根廷内乌肯盆地 Altiplanicie del Payu'n（ADP）的次火山岩油田和日本新潟盆地的"绿色凝灰岩"油气田为例，从构造条件、热异常、运移和聚集成藏等几个方面来论述火山（成）岩与油气成藏之间的积极关系。

第一节　构造条件

一、越南九龙盆地白虎油田

越南九龙盆地的基底形成于侏罗纪—晚白垩世时期，源于太平洋板块向西北俯冲进入东亚大陆之下发生的岩浆侵入活动所形成的花岗岩、花岗闪长岩。晚渐新世至中新世早期，盆地进入后裂谷阶段，发生反转运动导致基底抬升，出现构造高部位，伴生大量的构造裂缝，为有效储集空间的形成奠定基础。图5-1为越南九龙盆地二维油藏

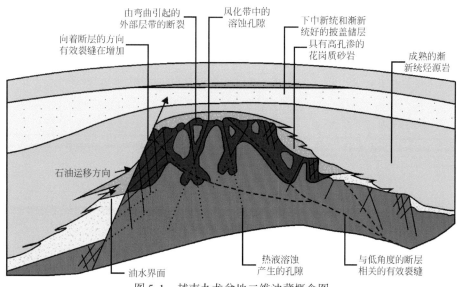

图 5-1　越南九龙盆地二维油藏概念图

概念图，在该图中基岩的构造高部位发育有大量张性（有效）裂缝，一旦上覆烃源岩达到生油门限后，产出的石油就可以通过基岩中发育的裂缝侧向进入基岩，形成深成岩油气藏。很显然，深成岩的侵入作用造就了构造高部位，为形成背斜油气藏提供了地质条件。

二、阿根廷内乌肯盆地 Altiplanicie del Payu'n（ADP）地区

（一）构造背景

安第斯内乌肯盆地位于阿根廷中西部（38°S，69°W），占地面积约 $100 \times 10^4 km^2$，是该国最大的石油和天然气生产区。自早三叠世裂谷期以来，盆地内由海相–陆相沉积交替充填。早侏罗世—早白垩世，盆地为稳定的弧后沉积中心。到了晚白垩世，安第斯形变运动由西向东扩展，盆地演化为前陆沉积中心（Vergani et al., 1995）。中生代到新近纪，安第斯发生了更为频繁的变形运动，在盆地西部边缘形成了褶皱带和逆冲带。现今，三角形的内乌肯盆地西部边界为南北向细长的安第斯褶皱逆冲带，南部边界为北东东向的 Huincul 高地，东北边界为地台区域。Altiplanicie del Payu'n 探区位于地台区的中北部。

（二）ADP 地区的岩浆侵入体与侵位构造高部位的形成

ADP 地区的地层中发育数个新生界岩盖，最厚达 600m，面积约为 $3.5km^2$。侵入 Vaca Muerta 组的火成岩体主要分为三个部分，它们被分别命名为南部岩盖、中部岩盖和北部岩盖（图5-2，图5-3），厚度分别约为 160m、110m 和 600m。岩盖的埋藏深度为 1820～2460m。

在该区域，现今的大多数构造形态都是由这些火成岩体侵入形成的。它们的侵入使得上覆沉积岩体形成穹丘构造、同心断裂，这些火成岩岩盖在地震剖面上很好识别。

三、日本的"绿色凝灰岩"

日本位于太平洋西部边缘，由太平洋板块俯冲形成的盆地在日本陆上和海上都有发育。日本的许多盆地都发育有新近系层序，其中沿日本海发育的沉积盆地是最重要的油气勘探开发区。

沿太平洋一侧的盆地为相对未变形部分，沿日本海一侧弧后盆地为变形部分，弧后盆地的主要褶皱和伴生断层走向为北—北东—南—南西，与现今的挤压应力方向一致。所有新近纪沉积盆地的构造走向取决于基底构造的走向。

在沿日本海一侧的多数新近纪沉积盆地中，频繁的海底火山活动与早中新世日本海扩张有关，形成大量火山岩，后经历了绿泥石和绢云母蚀变作用，这些火山岩岩石呈现绿色，称为"绿色凝灰岩"。

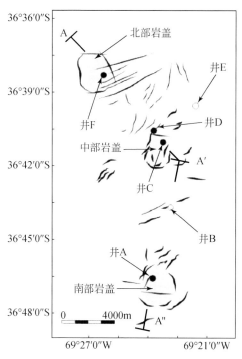

图 5-2 ADP 地区的岩盖分布与构造特征图（Monreal et al.，2009）
注意与岩浆侵入有关的环状断层。A′ 和 A″ 表示图 5-3 中模型剖面的轨迹

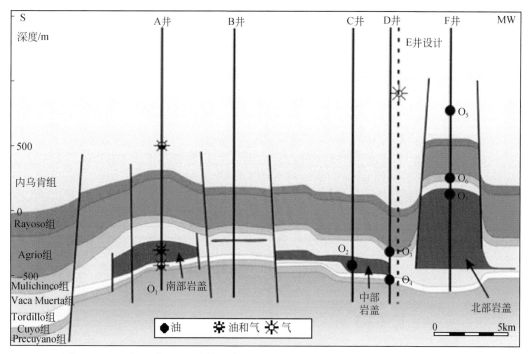

图 5-3 ADP 探区南–北西向构造剖面（方位图见图 5-2）（Monreal et al.，2009）
指示烃源岩分布、岩盖侵位和油气生产层位。标签 $O_1 \sim O_7$ 定义的是研究区分析的油方位

从地层上来看，"绿色凝灰岩"是三川组及七谷组火山岩的总称，其中七谷组变质程度较低的"绿色凝灰岩"是重要的油气勘探区域，厚度为100～1000m。七谷组在平原下部分布广泛，其上部主要发育灰色-暗灰色泥岩，下部主要发育酸性及碱性火山岩。

需要说明的是，"绿色凝灰岩"并不仅仅是凝灰岩，其包括多种岩性。在新潟平原地区以玄武岩和辉绿岩居多。在见附油田周边和南长冈-片贝气田的下部也发育有玄武岩，另外在吉井-东柏崎气田发育较厚的辉绿岩，是良好的标志层。

（一）见附油田

该油田地质构造为东陡西缓的非对称背斜，在背斜轴附近伴生正断层（图5-4）。下寺泊组很薄，上覆"绿色凝灰岩"，是典型的薄顶型背斜。

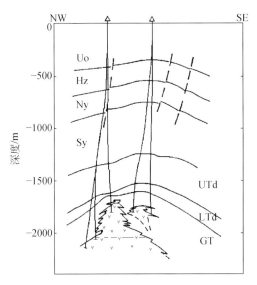

图5-4　见附油田地质剖面图（加藤进，1988）
Uo. 鱼沼组；Hz. 灰爪组；Ny. 西山组；Sy. 椎谷组；UTd. 上寺泊组；
LTd. 下寺泊组；GT. "绿色凝灰岩"；V. 酸性火山岩

（二）紫云寺气田

其位于新胎内-中条-紫云寺背斜带上，该气田所在的构造东翼伴生断层，为东陡西缓的非对称背斜，寺泊组较薄，椎谷组以及西山组较厚（图5-5）。在西山期以后基底上升，使得上部较厚的泥岩变形形成褶皱，并使翼部变陡，同时伴生逆断层。

（三）吉井-东柏崎气田

该气田在一个巨大背斜构造内，浅层表现为两翼急陡，深层表现为东陡西缓的背

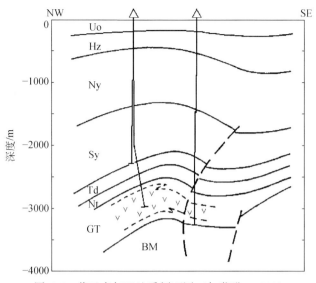

图 5-5 紫云寺气田地质剖面图（加藤进，1988）

Uo. 鱼沼组；Hz. 灰爪组；Ny. 西山组；Sy. 椎谷组；Td. 寺泊组；Nt. 七谷组；GT. "绿色凝灰岩"；V. 酸性火山岩；BM. 基底

斜构造（图 5-6）。七谷组泥岩在背斜翼部比在轴部更薄，"绿色凝灰岩"层在寺泊末期—椎谷期形成背斜构造形态。

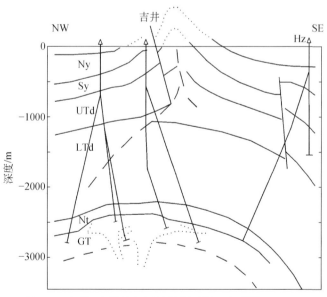

图 5-6 吉井–东柏崎气田地质剖面图（加藤进，1988）

Hz. 灰爪组；Ny. 西山组；Sy. 椎谷组；UTd. 上寺泊组；LTd. 下寺泊组；Nt. 七谷组；GT. "绿色凝灰岩"

（四）南长冈-片贝气田

该气田上寺泊组以上为较陡的背斜构造，七谷组为较缓的背斜构造，浅层和深层构造不一致（图5-7），这种不一致受到下部寺泊组小断层群的影响。背斜轴部有几条向东倾的逆断层，与翼部相比寺泊组在轴部变厚。南长冈气田北部的东西向剖面显示，七谷组的背斜轴位置相比西山组的背斜轴向东偏约1km。该气田南部和片贝气田的背斜轴位置大致相同。南北向剖面上（图5-8），七谷组北部为构造高部位，西山组则相反，南部才是构造高部位。"绿色凝灰岩"层序呈地垒构造。

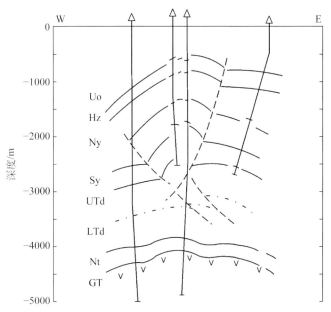

图5-7　南长冈-片贝气田地质剖面图（1）（加藤进，1988）
Uo. 鱼沼组；Hz. 灰爪组；Ny. 西山组；Sy. 椎谷组；UTd. 上寺泊组；
LTd. 下寺泊组；Nt. 七谷组；GT. "绿色凝灰岩"；V. 酸性火山岩

（五）其他"绿色凝灰岩"层构造

长沢SK-1是七谷-下田丘陵地区平缓背斜之一。寺泊组直接覆盖"绿色凝灰岩"之上，寺泊组以下为薄顶型背斜。

本成寺R-1构造单元位于大面油田的北方，发育于西陡东缓的背斜构造中北部，西翼伴有逆断层发育，东侧伴生薄的七谷组泥岩。形成于椎谷期末—西山期的寺泊组、椎谷组背斜比东三条气田、小栗山该层段的背斜更厚。

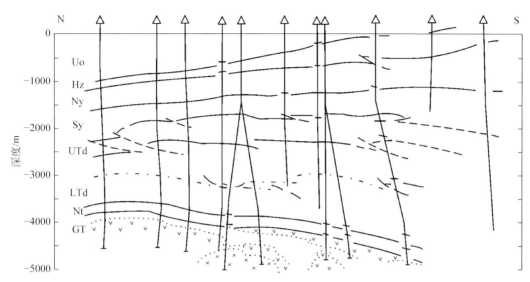

图 5-8　南长冈-片贝气田地质剖面图 (2)（加藤进，1988）

Uo. 鱼沼组；Hz. 灰爪组；Ny. 西山组；Sy. 椎谷组；UTd. 上寺泊组；LTd. 下寺泊组；

Nt. 七谷组；GT. "绿色凝灰岩"；V. 酸性火山岩；×. 玄武岩

（六）"绿色凝灰岩"地下构造

"绿色凝灰岩"顶面构造图能够显示圈闭和储层形态（图 5-9）。"绿色凝灰岩"顶面的构造倾向为北北东-南南西的"新潟方向"。从东西方向来看，拗陷位于中部，西部因受断层影响而急剧上升，而东部只有很小的起伏。主要的拗陷有以下几个：新潟、北蒲原南部、三条-长冈西部以及八石-东颈城。

从现有的"绿色凝灰岩"油气藏分布来看，吉井-东柏崎气田和南长冈-片贝气田在拗陷中处于大致对称的位置。见附油田在三条-长冈拗陷西部较高的新津-东山构造扩展带上，构造呈现上升的态势，最西侧形成背斜构造。黑坂 SK、小栗山 R 和东三条气田与见附油田处于同一背斜构造上。紫云寺气田在拗陷中从西向东展布，构造呈逐渐上升的态势，为一个背斜构造。总之，"绿色凝灰岩"多数发育在拗陷附近的背斜构造上。

新潟盆地的三条、角田冲地区的七谷组至西山组下部，有两个隆起带，称为角田-三条隆起带。隆起带北部和南部的地质构造有以下不同：

（1）根据岩相及古生物相指示，中越亚盆地中的寺泊组分为上部、下部，而下越亚盆地寺泊组不细分。

（2）中越亚盆地寺泊组的最大厚度为 2000m 以上，下越亚盆地寺泊组较薄，西山组较厚。除紫云寺气田外所有的"绿色凝灰岩"都位于中越亚盆地。

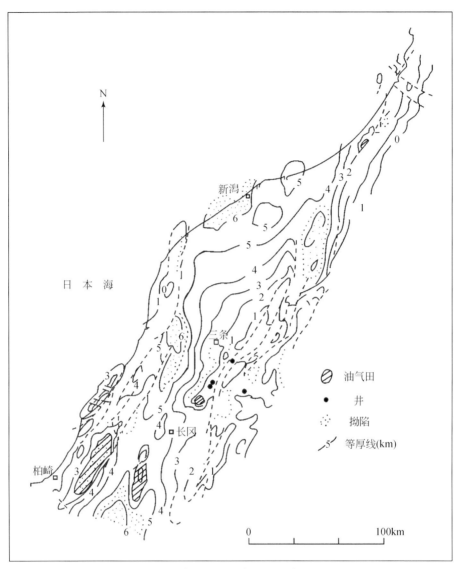

图 5-9 "绿色凝灰岩" 顶面构造图（加藤进，1988）

（七）地质构造特征总结

现有的 "绿色凝灰岩" 全部发育在背斜构造上，这些背斜构造分为三类（表 5-1）。Ⅰ 类背斜构造发育在长冈平野东部，Ⅱ 类背斜构造发育在下越亚盆地和新津–东山丘陵，Ⅲ 类背斜构造发育在拗陷附近寺泊组较厚的地区。油气在 Ⅰ 类背斜构造中聚集，这与构造形成时期较早有关。

表 5-1　背斜构造分类（加藤进，1988）

类型	"绿色凝灰岩"矿床	特征	构造形成开始时期
I	见附油田、东三条气田、小栗山 R-1、黑坂 SK-1、长沢 SK-1	薄顶型背斜	七谷期（寺泊期）
II	紫云寺气田、本成寺 R-1	浅部和深部的构造伴随局部断层	西山期
III	吉井–东柏崎气田、南长冈–片贝气田	浅部和深部的构造不同	椎谷期

第二节　岩浆侵入浅层产生的热异常影响

一、阿根廷 ADP 区域侵入岩热异常

　　内乌肯盆地发育了四套含油气层段，分布在以下地层中：Puesto Kauffman（下侏罗统）、Los Molles（中侏罗统）、Vaca Muerta（上侏罗统）和 Agrio（下白垩统），都是重要的油气勘探开发区。Legarreta 等（2004）通过讨论这四套含油气层段及其相关含有机质层段的生烃能力，认为 Tithonian Vaca Muerta 组（图 5-3）是该盆地的主力烃源岩。

　　ADP 地区发育有两套富含有机质的生油层段，分别位于 Vaca Muerta 组（厚约 125m）和 Agrio 组（厚约 250m），其 TOC 含量为 2%~6%，氢指数（HI）平均约为 550mg/g。但这两套烃源岩处于未成熟或低成熟阶段，R_o 为 0.4%~0.6%（图 5-10）。

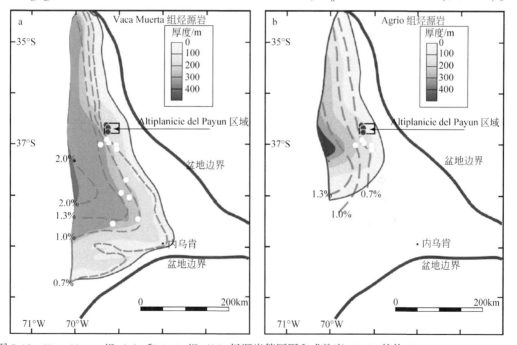

图 5-10　Vaca Muerta 组（a）和 Agrio 组（b）烃源岩等厚图和成熟度（R_o）趋势（Monreal et al., 2009）
这两个烃源岩都是不成熟的。黑点代表了从 ADP 油田产生的油。白色的圆点代表了深层的成熟油

ADP 地区发育有多个中性油藏（20~33API），储层种类多样，包括裂缝式侵入岩、砂岩和碳酸盐岩等，在浅层也发现一些 CO_2 和甲烷气藏。试井显示，火成岩储层中的流体为超压，高于区域静压力梯度约 4MPa。在岩盖较厚的地方，油气聚集较多，而且能一直延伸到浅部层位。出于研究目的，从 ADP 区挑选了六口井采样，这六口井分别命名为 A 井、B 井、C 井、D 井、E 井和 F 井。

以位于 ADP 区中心的 C 井作为温度测量的参考井，其钻遇了中部岩盖（厚约 110m），离岩盖的接触面 10m 处，可测得的最大温度（侵入后 100 年）为 475℃（图 5-11a）。然而，随着时间和距离增大，温度会快速降低，在 50m 处温度为 350℃，90m 处为 255℃，130m 处为 230℃，230m 处为 155℃，370m 处为 120℃，随着距离的

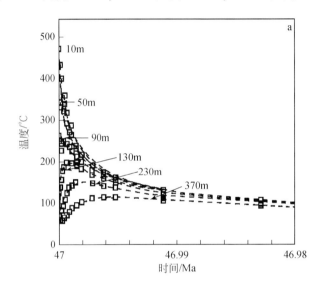

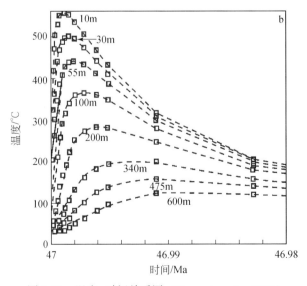

图 5-11　温度–时间关系图（Monreal et al.，2009）

a. 中部岩盖最厚的层段；b. 北部岩盖最厚的层段

增加，温度保持着递减的趋势。F 井钻遇了北部岩盖（厚约 600m），离岩盖的接触面 10m 处，测得最高温度（侵入后 100 年）为 550℃（图 5-11b），在 30m 处温度为 500℃，55m 处为 440℃，100m 处为 360℃，200m 处为 280℃，340m 处为 200℃，475m 处为 160℃，600m 处为 130℃（图 5-11b）。

在距接触面的第一个 200～400m 处，所达到的温度对于液态烃的保存来讲太高。然而，在烃源岩极端温度到来之前，油气已经运移了数十米到几百米远，到达了温度比较低的横向区域和浅部储层，且发生了二次裂解作用。接触面的温度在岩盖边缘大大降低，使得这些区域更加适于油气的保存。因此，高成熟烃的生成和裂解发生在接近侵入体的地方，同时在远离岩盖接触面的地方产生低成熟烃。在时间和空间上，热能从逐渐冷却的岩盖传导到烃源岩中，促进烃源岩成熟、排烃，这是一个渐进的过程。

为了方便对比，把时间设置在侵入发生之后，位置为距每一个岩盖接触面 10m 处，温度下降小于 100℃。按照这个定义，中部岩盖侵入体（厚约 110m）的热异常持续时间约为 31000 年，南部岩盖（厚度为 160m）约为 48000 年，北部岩盖（厚度约 600m）约为 62000 年。在超过 30 万年之后，当所有层段内的等温线变为水平时，该研究区的背景地热梯度被完全重建。相对于研究区未受到热异常影响的区域，这些数值很特殊，而且烃源岩的岩石物理性质也受到了影响。现今，岩盖的温度在 80～100℃。

遭受到侵入的 Vaca Muerta 组烃源岩（厚度超过了 400m），在侵入岩接触面（图 5-12）上所获取的氢指数（HI）和镜质组反射率（R_o）数据显示，其成熟度的变化范围比较大。而距火成岩侵入体几千米的钻井资料显示有未成熟的烃源岩层段。在 A 井中，Vaca Muerta 组含有厚约 160m 南部岩盖，当 Vaca Muerta 组页岩过成熟时，HI 值显示非常低，Agrio 段烃源岩的 HI 值也是向着靠近侵入体的方向减小。B 井位于 A 井北部 5km 处，Agrio 段和 Vaca Muerta 组烃源岩都是未成熟或低成熟的，且保存了原始的 HI 值，只有 Vaca Muerta 组烃源岩上部表现出有限的变化，这归因于一个小规模的岩床存在。C 井钻遇中部岩盖（厚度约为 110m），也显示出 Vaca Muerta 组烃源岩处于过成熟阶段（HI 值接近于零），但是 Agrio 组页岩的转化率很低（高 HI 值，R_o 为 0.68%）。D 井距中部岩盖侧翼几十米，Agrio 组页岩未成熟（R_o 为 0.4%），而 Vaca Muerta 组烃源岩适度转化，局部的 HI 值降低，可能是受到火成岩体的热影响。在 E 井中没有钻遇火成岩，再次呈现出一个未成熟的状态，两个烃源岩层段与 B 井的类似。F 井钻遇厚达 600m 的北部岩盖，Agrio 组和 Vaca Muerta 组烃源岩显示出较强的过成熟。

通过分析 Altiplanicie del Payu'n 区域石油样品中的金刚烷，有助于研究生烃过程和侵入体热效应之间的关系。为了确定该盆地常规的成熟和烃裂解趋势，针对南部生油区的石油样品进行了附加分析。具有高浓度金刚烷和生物标志物（特别是 3-甲基金刚烷、4-甲基金刚烷和 C29ααR 甾烷）的石油可认为是裂解、高成熟原油/凝析油和正常成熟的"黑色"石油的混合物。而 ADP 油中的 C29ααR 甾烷浓度与盆地内中度成熟的趋势相对应，样品的测试结果显示中等浓度金刚烷，来自正常成熟裂解（图 5-13）。这些石油样品为不同成熟度石油的混合产物：靠近岩盖的烃源岩生成的油和来自远距离烃源岩层段产的油（几乎没有受到火成岩侵入体的热效应影响）。O2 和 O7 位于中部和北部的岩盖火山岩储层，O5 和 O6 油样可能产自北部岩盖上覆的烃源岩层段，在向浅

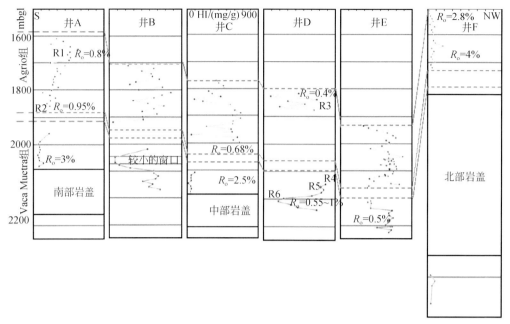

图 5-12　研究区关键井的 HI 趋势（Monreal et al.，2009）

R1～R6 识别岩层位置，用于详细的提取物分析（气相色谱法和生物标志物）未成熟层段的高 HI 值朝
着岩盖接触面的方向逐步变小。R_o 的测量值作为参考

部储层运移期间混合（图 5-13）。此外，O3 和 O4 油样未显示出混合特性，可能产自受
到中部岩盖轻微影响的烃源岩层段，通过横向运移聚集到储层。

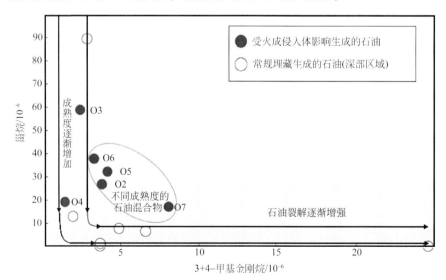

图 5-13　内乌肯盆地样品的生物标志物（C29ααR 甾烷）–金刚烷浓度

（3–甲基金刚烷和 4–甲基金刚烷）（Monreal et al.，2009）

低成熟度的油含大量 C29ααR 甾烷和少量 3–甲基金刚烷+4–甲基金刚烷。来自油灶部位的
高成熟油含少量 C29ααR 甾烷和较多的 3–甲基金刚烷+4–甲基金刚烷

为了进一步研究岩盖热异常对烃源岩的影响，从取样井中测取了岩盖周边烃源岩的 R_o、TR（转化率）。取样井中，A 井、C 井、F 井中的烃源岩受到了侵入体热异常影响，B 井、E 井的烃源岩未受到侵入体热异常的影响，但也成熟。R_o、TR（转化率）测量结果（图 5-14，图 5-15）表明每一个岩盖周边数百米的烃源岩显示出不同幅度的成熟，局部有油气生成。

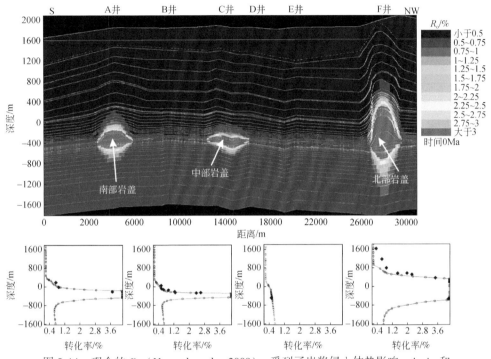

图 5-14　现今的 R_o（Monreal et al.，2009），受到了岩浆侵入体热影响，Agrio 和 Vaca Muerta 的烃源岩在局部的成熟之后。校准剖面来自 A 井（南部岩盖）、C 井（中部岩盖）、E 井（非岩浆侵入区）和 F 井（北部岩盖）

在岩盖侵入和冷却期间，每一个岩盖的热能可以影响周围数十米至数百米，伴随温度增加的是高热流体。模拟显示，岩浆体的中间区域的热效应对烃源岩的影响还是很高的，这是因为岩盖的中心部位比较厚，边缘比较薄。在边缘地区，随着岩盖厚度的减小，加之表面大量的热损耗，导致了快速的冷却。计算出来的烃源岩成熟度随着上覆岩盖厚度的变薄而变小。例如，距北部岩盖大于或小于 300m 的 R_o 值分别为 1.64% 和 2.97%。与岩浆体有关的热流向下流动，而在岩盖之下有着局部向上的热流，这种共存可能会导致该地区一个慢速的热损耗。

二、日本新潟盆地火山活动引起的热异常

（一）温度与压力

新近纪时期日本火山运动频繁，既有多期的火山喷发事件，也有浅成岩侵入事件。

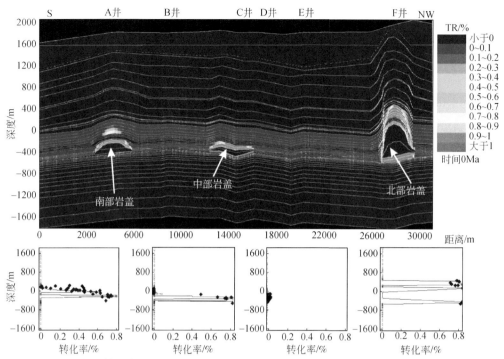

图 5-15　现今的转化率（TR）（Monreal et al., 2009），受到了岩浆侵入体热影响，Agrio 和
Vaca Muerta 的烃源岩在局部的成熟之后。校准剖面来自 A 井（南部岩盖）、
C 井（中部岩盖）、E 井（非岩浆侵入区）和 F 井（北部岩盖）

新潟地区烃源岩的有机碳含量高达 2%，有机质类型为 I 型或 II 型。如图 2-36 所示，
储层和烃源岩形成的年代多为中中新世（15Ma）至上新世（3Ma），在这个时间内
（12Ma）烃源岩达到热成熟需要的温度超过 180℃（图 5-16）。该地区较高的地热梯度
是由岩浆、火山活动和伴生的热液效应引起的，岩浆、火山活动产生的热量与烃源岩
的成熟相对应，同时热源也影响到了后期的储集岩。

较高的地温梯度有助于流体（水、油、气）从泥岩中有效排出，从而加快烃源岩
的压实作用。

图 5-17 是新潟地区的几个油气田储层的温度和压力图，温度范围比较大，为 40 ～
190℃。按照流体类型分为：干气 40 ～ 85℃，石油 65 ～ 110℃，凝析气 65 ～ 190℃。

油气储层的压力差异也比较大，从低于静水压比到超过静水压比 1.5 的异常高压
都有出现。低于静水压比为紫云寺气田储层。按照流体区分为：干气静水压比低于
1.4，油的静水压比范围为 1.3 ～ 1.51（除田麦山油田以外）。

除“绿色凝灰岩”气藏以外，大部分油气藏随着温度升高，压力也升高（图 5-17
中 A 区域）。相反，“绿色凝灰岩”气藏温度随压力升高而降低（图 5-17 中 B 区域）。
图 5-18 给出“绿色凝灰岩”试验井的温度和压力数据，图中的 A 区为七谷组泥岩不发
育的见附油田、长沢 SK-1、东三条气田，图中的 B 区为七谷组泥岩发育的紫云寺气田、
吉井气田、片贝气田。

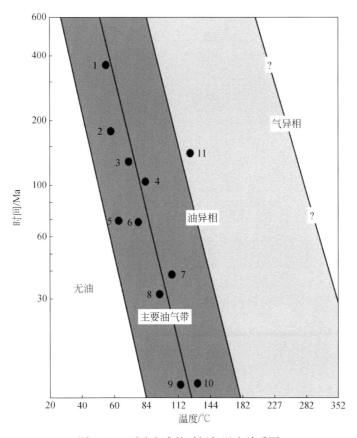

图 5-16 石油生成的时间与温度关系图

1. 巴西亚马孙盆地；2. 法国巴黎盆地；3. 法国安奎坦盆地；4. 西非里奥德奥罗 EI Aaiun 地区；
5. 喀麦隆 Douala 地区；6. 新西兰海上 Taranaki 盆地；7. 法国 Dam argue 盆地；8. 新西兰海上
Taranaki 盆地；9. 美国洛杉矶盆地；10. 美国 Ventura 盆地；11. 法国安奎坦盆地

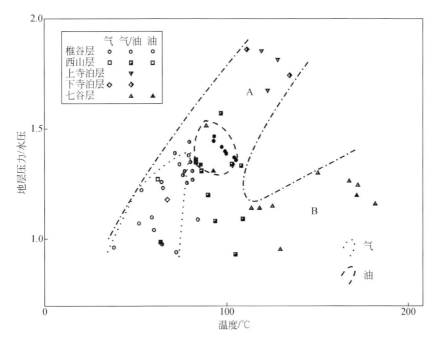

图 5-17 油气藏温度与压力关系（加藤进，1988）

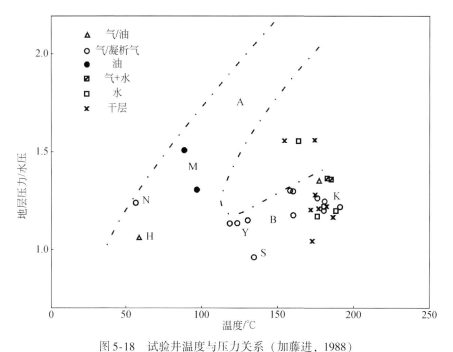

图 5-18　试验井温度与压力关系（加藤进，1988）

H. 东三条气田；N. 长沢 SK-1；M. 见附油田；Y. 吉井气田；S. 紫云寺气田；K. 片贝气田

通过分析东新潟气田和片贝气田的温度、压力资料（图 5-19），发现东新潟气田压力在地温达 100℃ 左右时急速升高。新潟气田各地层压力有以下特征：西山组压力接近静水压力，椎谷组下部压力高，寺泊组及七谷组为典型的异常高压。片贝气田在地温达到 70℃ 左右开始出现异常高压，寺泊组压力是典型的异常高压，"绿色凝灰岩" 层地压也略高于静水压力。

泥岩的异常高压有以下几个原因：①非平衡固结作用；②流体热膨胀；③有机质（干酪根）生成油气；④黏土矿物成岩过程的脱水作用。

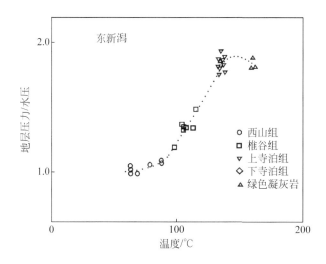

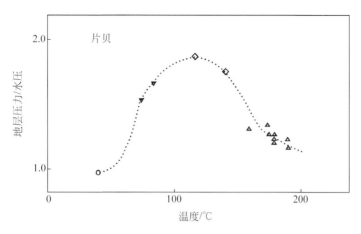

图 5-19 东新潟气田和片贝气田温度与压力关系（加藤进，1988）

在新潟地区，南长冈–片贝气田、吉井–东柏崎气田的寺泊组较厚层段和东新潟气田的西山组、椎谷组较厚层段均呈现异常高压。

从异常高压的储层中产出的地层水的 Cl^- 数量一般比其他储层的地层水的 Cl^- 数量少，因此异常高压储层具有地层水 Cl^- 数量和压力之间成反比的特征（图 5-20）。地层水中 Cl^- 数量低的原因可能是受到了黏土矿物的层间水稀释。

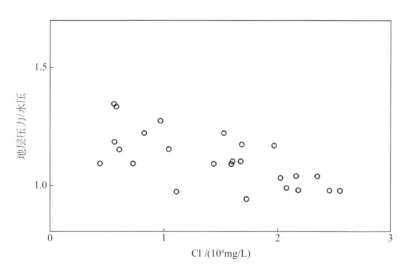

图 5-20 地层水 Cl^- 和压力关系（加藤进，1988）

泥岩中黏土矿物的成岩过程是蒙脱石→蒙脱石/伊利石混合矿物→伊利石，转换温度分别为104℃和137℃。当黏土矿物受成岩作用时，会使得沉积盆地的相关层位温度、压力发生很大变化，东新潟气田中的蒙脱石矿物向着蒙脱石/伊利石混合层矿物转换时（温度约100℃），压力急剧升高，导致异常高压。

（二）"绿色凝灰岩"层火山岩的蚀变作用

片贝地区"绿色凝灰岩"层火山岩受到强烈的热液蚀变作用，导致火山岩的储层物性得到一定的改善。主要蚀变生成的矿物有石英、钠长石、伊利石、绿泥石和碳酸盐等，基本不产生沸石是其一大特征。表明这种蚀变作用受到二氧化碳高压的影响。

1. 蚀变作用的温度

片贝地区的"绿色凝灰岩"中浅层温度为 220 ~ 290℃，深层温度高达 300 ~ 330℃，表明比现今的 160 ~ 180℃的同深度地层的温度高，也说明其受到高达 300℃ 的高温热液蚀变作用影响。

2. 碳酸盐岩矿物中有机稳定碳同位素的构成

片贝地区"绿色凝灰岩"层的碳酸盐岩矿物，碳同位素比值为 -3‰ ~ -9‰（PDB），氧同位素比值稍低于-15‰（PDB）（图 5-21）。这种同位素的构成范围表明这些碳酸盐岩矿物是由热液蚀变形成的。

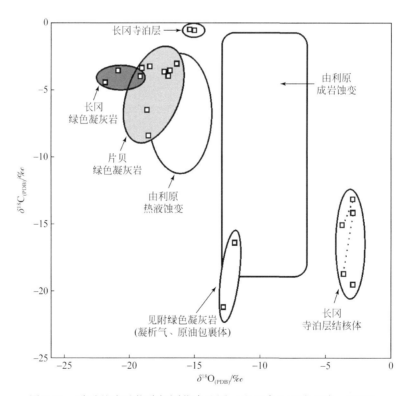

图 5-21　碳酸盐岩矿物碳氧同位素比图（山田泰生和内田隆，1997）

考虑到"绿色凝灰岩"形成的地质条件，具有这种氧同位素比值的热液，与海底热液活动引起的海水/岩石相互作用而发生蚀变产生的高温海水有关。

3. 蚀变矿物的分布

黏土矿物的分布，可分为伊利石、伊利石+绿泥石和绿泥石（±伊利石/蒙脱石混合矿物质）三个相带（都与石英及钠长石共存）。伊利石带顶端发现有两处分布着向周边扩展的伊利石+绿泥石带、绿泥石带。

另外，片贝地区的"绿色凝灰岩"层中的碳酸盐矿物（方解石、菱铁石、白云石）有其特殊性，其白云石中镁的最大含量有着随深度增加而变小的趋势（图 5-22）。

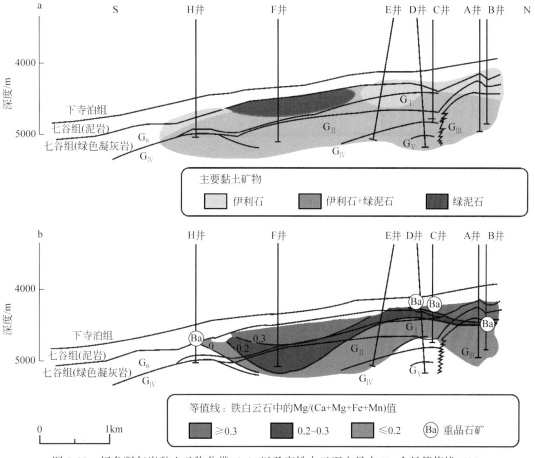

图 5-22 绿色凝灰岩黏土矿物分带（a）以及富铁白云石中最大 Mg 含量等值线（b）

Mg 含量为零等值线以下无富镁白云石

4. 流体包裹体

片贝地区的"绿色凝灰岩"中，存在含烃流体包裹体，能够形成烃类包裹体的是 G_0 层的流纹岩中的石英石。此类包裹体被确定为原生–次生流体包裹体，由烃类液体和气泡两相组成。在紫外荧光反应中，包裹体的荧光反应色与烃类成熟度有关，亮蓝色的荧光反应色为成熟度较高的烃流体（图 5-23）。

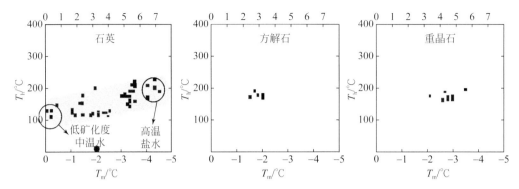

图 5-23　流体包裹体均一温度（T_h）与冰点温度（T_m）关系（山田泰生和隆田，1997）

5. 蚀变作用的时期

通过 K-Ar 年代测定，得到结果是 12Ma（11.72±0.29 ~ 11.93±0.27Ma）、5 ~ 8Ma（5.10±0.12 ~ 7.67±0.22Ma）。

12Ma 比新潟地区"绿色凝灰岩"层的年龄（23 ~ 14Ma）稍晚，说明热液蚀变作用发生在"绿色凝灰岩"火山活动之后。许多热液矿床报告也验证了这个结果。

6. 蚀变历史

海底热液活动中的高温蚀变海水一般呈弱酸性。这种弱酸性的热液，从上升区域的中心部位向周边对流的过程中，与岩石产生反应引起 pH 的上升和温度的下降（图 5-24）。另外，有关图中的相界随温度下降向右上稍有偏移。随着这种变化，热液的组成由钾云母–钠长石的相界，向钾云母–绿泥石–钠长石相界移动，再向绿泥石–钠长石的相界移动（图 5-25，A→B→C），形成热液上升区域的中心部位发育伊利石带，其周边部位发育伊利石–绿泥石带，边缘部位发育绿泥石带。因有两处伊利石带，就可以推测热液上升区域也有两处。该热液上升区与 G_{IV} 层玄武岩发育处一致，说明玄武岩喷出通道也是热液运移通道。

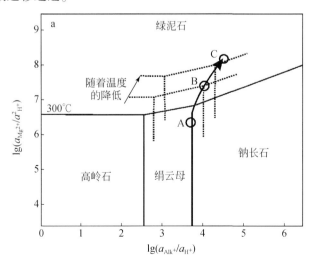

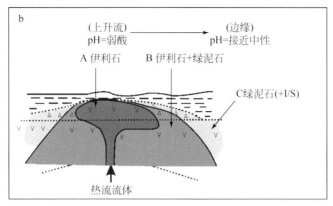

图 5-24 "绿色凝灰岩"层发现的黏土矿分布形成模式（山田泰生和内田隆，1997）

+I/S 表示加入伊利石与蒙脱石的混层矿物

蚀变过程如下：七谷期开始的"绿色凝灰岩"海底火山活动一直持续到 14 ~ 13Ma，随着海底火山活动的减弱，"绿色凝灰岩"开始被半深海相的七谷组泥岩层和下寺泊组泥岩层覆盖（图 5-25，第 1 阶段）。以喷发火山岩通道作为主要上升通道的热液活动在 12Ma 时开始 [图 5-25，第 2（A）阶段]，随后与海水/岩石相互作用形成黏土矿物的蚀变带 [图 5-25，第 2（B）阶段]。

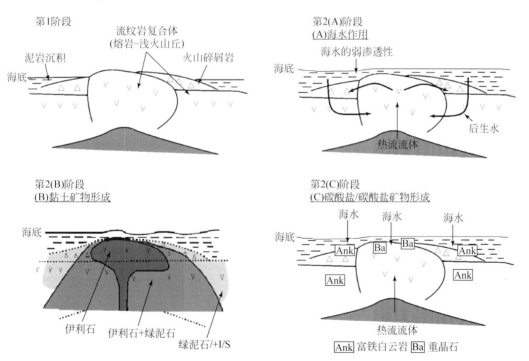

图 5-25 片贝地区"绿色凝灰岩"层准火山岩发现的热液蚀变作用的概念模型

（山田泰生和内田隆，1997）

热液活动提高了周边的地温梯度，加热了"绿色凝灰岩"上部及周边的泥岩层。同时随着埋深的增加，受热的泥岩层进入深成作用阶段，含水矿物因脱水作用使水排出［图5-26；第2（A）阶段］。在热液活动影响下深成作用大大加快，70~150℃恰好能作为深成作用的起始温度。

之后，在热液活动较弱的地区，流入了富含 Mg^{2+} 的海水，造成了富铁白云石中 Mg^{2+} 元素大大增加。

热液上升区域顶端，由热液中的 Ba^{2+} 和海水中的 SO_4^{2-} 混合而形成重晶石。富铁白云石和重晶石的形成，促进了海水中 Mg^{2+} 和 SO_4^{2-} 的析出以及弱酸性的高温蚀变海水的形成［图5-26，第2（C）阶段］。这与推测热液上升区域顶部附近产出重晶石相符。

第三节　运移和成藏

一、运移与聚集

（一）越南九龙盆地白虎油田

覆盖在基底上的烃源岩成熟之后开始排烃，排出的烃运移大致分为两个方向：一个方向是侧向运移进入裂缝发育良好的深成岩（花岗岩），形成深成岩储层。这些裂缝如图5-1所示：风化带中的孔隙、断层周围的有效裂缝、由构造变形引起的裂缝和热液溶蚀产生的孔隙等。由于这些发育有效孔隙、裂缝的基岩围岩为烃源岩，烃源岩本身又是很好的盖层，当油气运移到基岩的裂缝中后，就形成了油气圈闭。另一个方向是通过裂缝和断层向上进入孔隙发育良好的沉积岩。

（二）阿根廷内乌肯盆地 Altiplanicie del Payu'n（ADP）地区

在 ADP 地区，当岩盖温度达到725℃时，英安质岩盖开始结晶并产生晶间孔。侵入作用发生大概400年之后，经历了成岩和成岩后作用的侵入岩，会发育很好的、互相连通的孔隙，烃源岩在超压作用下促使各种流体反向流入这些侵入岩体。具体表现为：在距离接触面数百米范围内，烃源岩在横向上和垂向上呈现不同的成熟阶段，将产生出不同成熟度的混合产物。这些成熟度不同的混合烃会进入孔隙发育较好的侵入岩体，同时形成对流的水流体也围绕冷却的岩盖流动，可能会驱使生成的烃向火成岩体加速运移。

2009年 F. Rodriguez Monreal 使用 IFP/Beicip-Franlab 的 Temis2D 软件对 ADP 地区的含油气系统进行了二维模拟，建立了一个含油气系统模型，该模型模拟了三个主要岩浆体的热效应范围、生烃、运移和聚集过程。

模拟结果显示侵入岩储层和常规储层中的分布，与研究区实测到的油藏分布相吻合（图5-26）。无论是模型还是实例都显示，石油已经运移到了浅部储层，尤其是在北部和南部岩盖地区更为明显，这些地方发育有很厚的火成岩体相，进而促进周围的烃源岩成熟而大量排烃。在该区域的 Agrio 段烃源岩也受到了岩盖热异常影响，但中部岩盖厚度较小，区域内的烃源岩大多仍然保持着未成熟状态。图 5-27 描述了石油向北部岩盖、浅层和深层沉积岩储层的运移过程，图中的模型显示，在 Agrio 和 Vaca Muerta 段烃源岩的不同成熟度的层段中生成的烃经运移进入储层后混合在一起。

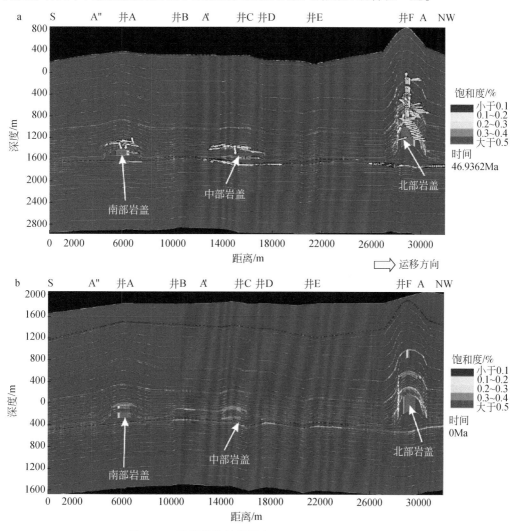

图 5-26　岩浆体热异常影响（Monreal et al.，2009）

在 Vaca Muerta 和 Agrio 组烃源岩局部成熟之后，石油饱和度和运移（黄色箭头），

时间为：a. 46.9362Ma（岩浆侵入后的6.38 万年；b. 现今（在岩浆事件之后的47Ma）

图 5-28 为浅成岩混合油气运移简图，烃源岩成熟之后，向着不同的方向运移，侧向运移到孔隙发育良好的浅成岩内的同时，也向上运移到了沉积岩中。如果周边发育有良好的盖层，即能形成圈闭。这说明在浅成岩成藏的同时，也有可能共生常规油气藏。因此，对于同一套烃源岩，火成岩储层与周边的沉积岩储层在吸收油气方面不完全是竞争关系，也有可能是共生的。

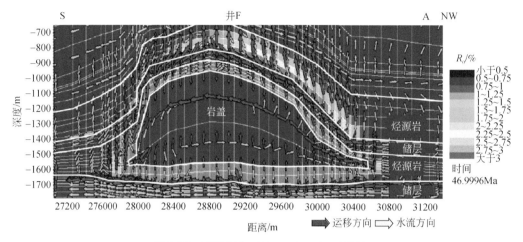

图 5-27　石油混合（Monreal et al. , 2009）

来自 Vaca Muerta 组和 Agrio 组烃源岩不同成熟度的层段，46.9996 Ma，
对流水和石油朝着岩盖方向运移，粉红色和浅蓝色代表模拟的石油和水流

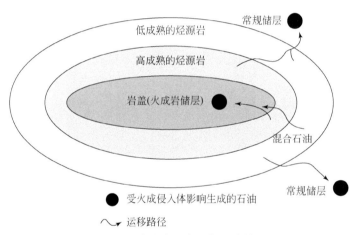

图 5-28　浅成岩混合油气运移简图

低成熟度的石油来自离侵入体较远的位置，在储层中混合，或在运移的过程中随着接近侵入体而成熟、裂解

（三）日本"绿色凝灰岩"油气藏

新潟盆地石油的运移主要分为两个时期：在 R_o 值达到 0.5% ~ 0.7% 时发生一次，为石油的生成早期；在 R_o 值达到 0.7% ~ 1.0% 时又发生一次，为生油的鼎盛时期。

表 5-2 给出了新潟盆地"绿色凝灰岩"油气田的油气生成、运移与成藏时期。

见附油田、吉井-东柏崎气田的"绿色凝灰岩"储层发育有原生孔隙及裂缝，吉井-东柏崎气田有效孔隙形成、改造与构造运动密切相关。南长冈-片贝气田储层的有效储集空间主要为次生孔隙，孔隙中结晶的石英流体包裹体温度为 138 ~ 167℃。对比片贝气田深度和温度关系曲线，推测出当时储层的深度为 3200 ~ 4000m，于西山期发育次生孔隙。

表5-2　主要"绿色凝灰岩"油气田油气生成、运移和成藏时期（加藤进，1988）

油气田	圈闭形成开始时期	成藏时期	油气生产时期	运移时期	运移流体
紫云寺气田	西山期		寺泊期中期（西山期）	西山期以后	气
见附油田	七谷期	七谷期	西山期	西山期以后	油（气）
南长冈–片贝气田	椎谷期	西山期	寺泊期中期（椎谷期）	西山期以后	气
吉井–东柏崎	寺泊末期—椎谷期	寺泊末期—椎谷期	寺泊期中期（西山期）	西山期以后	气

由原油裂解生成的甲烷碳同位素（$\delta^{13}C$）组成为-45‰～-55‰，比干酪根分解生成的气的$\delta^{13}C$（-30‰～-40‰）小。表5-2的四个油气田的$\delta^{13}C$全部比-45‰大，表示气由干酪根分解生成。

有机质的热成熟主要取决于温度与该温度下的受热时间，尤其是温度起到重要作用。异常高压成为非平衡固结作用的主要原因之一。因此如果异常高压层和烃源岩层的热成熟地区相对位置关系能决定油气藏的分布，那么就能预测地温梯度与油气藏分布的关系。一般情况下，通过异常高压层和烃源岩的热成熟区的相对位置可以推测油气藏的分布。

图5-29是油气藏深度和地温梯度关系图。一般油藏在浅层，地温梯度高，气藏在深层，地温梯度低。

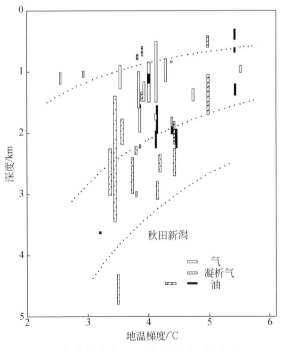

图5-29　油气藏深度与地温梯度关系（加藤进，1988）

见附油田和片贝气田的压力模式不同，其"绿色凝灰岩"中的油气运移和成藏如图 5-30 所示。

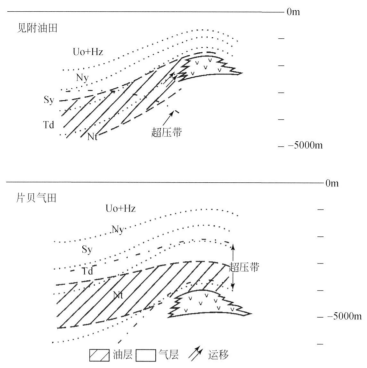

图 5-30　见附油田和片贝气田油气运移与成藏（加藤进，1988）

Uo. 鱼沼组；Hz. 灰爪组；Ny. 西山组；Sy. 椎谷组；

Td. 寺泊组；Nt. 七谷组；V. 酸性火山岩

1. 见附油田

寺泊组与七谷组泥岩为该油田的主力烃源岩。在靠近西部的沉积盆地中心地区的椎谷组出现异常高压，导致沉积盆地中心与储层之间存在压力梯度，成为石油的运移的动力，进而使得油气生成之后，运移到"绿色凝灰岩"中。

见附油田的构造走向为南西-北东向，发育见附、黑坂（小栗山）、北潟背斜构造。在见附背斜最下部发育见附油田，黑坂背斜上部含少量油，而北潟背斜几乎没有油。通过见附油田水的 Cl⁻ 同位素推断寺泊组孔隙流体的流向是从西南到东北，再考虑到油气的生成区，说明见附油田的石油从西南方向东北运移，运移距离很短。另外见附油田背斜系列以东的大面积庄川背斜系列也有气层及水层显示，推测油气只在水平方向上短距离运移。

2. 片贝气田

该气田在上寺泊组附近存在异常高压，成熟的烃源岩在下寺泊组、七谷组上部压力有所降低，"绿色凝灰岩"内部压力略高于静水压力。推测在向斜区深部发育异常高压层，从向斜区向该气田存在压力梯度，成为运移的动力。附近的热成熟烃源岩为生气区，压力梯度使得天然气在"绿色凝灰岩"中聚集。

油气进入储层的最佳时机是储层物性被热液蚀变作用刚刚改造完成的时候，片贝地区油气藏就是在热液活动使储层物性改善的同时，烃源岩成熟开始排烃，生成的油气进入刚被改造的火山岩储层中聚集。

3. 新潟盆地火山岩油气藏运移、聚集模式

图 5-31 给出新潟盆地火山岩油气运移、聚集模式。假设存在于火山喷发时潜在的烃源岩已经被破坏，失去了生烃潜力。火山活动之后，富含有机质海相泥岩层 A 继续沉积（第一阶段）。因为下伏火山岩具有一定的原生和次生孔隙，所以一些压实流体向下运移（黑色箭头）的同时也向上运移。在第二阶段，细粒的碎屑沉积物 A、B 在原始泥岩层之上沉积，驱使更多压实流体向下运移。第三阶段，A 层以下的富含有机质的烃源岩到达成熟阶段，流体继续侧向运移，在火山穹丘储层中聚集。

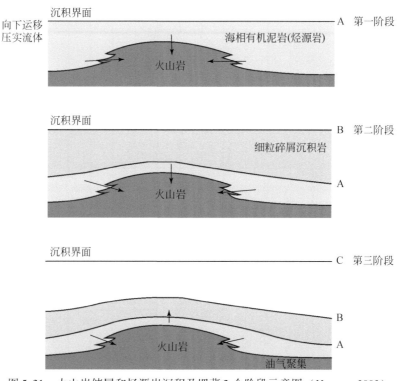

图 5-31　火山岩储层和烃源岩沉积及埋藏 3 个阶段示意图（Magara，2003）

二、盖　　层

（一）阿根廷内乌肯盆地 Altiplanicie del Payu'n（ADP）地区

在这个地区的含油气系统中，储层和盖层的形成与生烃和运移同时进行。岩盖侵入了烃源岩中，烃源岩同时也是盖层。岩浆侵入体的热效应，会促使烃源岩成熟排烃，加速热液的流出，使得岩盖周边烃源岩的压实速度加快，其封闭性随之增强，使得排烃之后的烃源岩向盖层转化的速度也越来越快。

（二）日本新潟盆地

新潟地区紧邻火山岩储层之上的泥岩层有少部分欠压实，归类为压力盖层。该地区紫云寺气田泥岩孔隙度和流体压力随深度改变而变化（图5-32）。紧邻火山岩储层段之上的泥岩层大部分压实较好，说明泥岩已失去大部分自由水，只留下半固体水或构造水，对其下伏储层中的烃起到毛细管吸附封闭作用。而高处地层的泥岩层（距火山岩储层较远的泥岩层）较松软，欠压实，具韧性，流体运动的潜在方向向下，如图5-33中黑色箭头所示，该流动方向与浮力引起的油气向上运移方向相反。

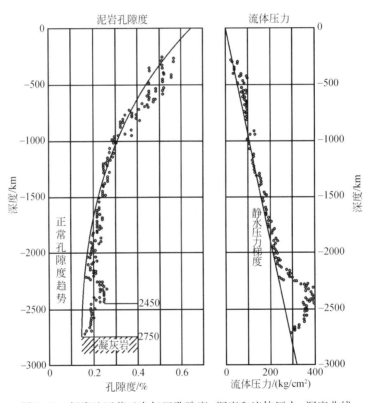

图5-32　新潟地区紫云寺气田孔隙度–深度和流体压力–深度曲线

如图5-34所示，较高的油气压力 P_h 会产生较高的烃柱。但是，该压力应由上覆压实泥岩层中的毛细管吸附力和压力（P_{sh}）共同作用形成。如果 P_h 超过该压力，那么油气会从盖层中的裂缝溢出。但压力封闭的泥岩层具有欠压实和韧性特征，因此会减少油气向上运移的损失。

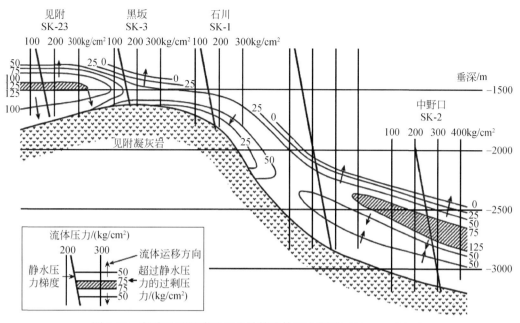

图 5-33　新潟地区见附油田的计算流体压力剖面（Magara，2003）

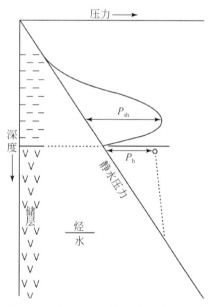

图 5-34　最大封闭压力 P_{sh} 和过剩烃压力 P_h 关系示意图（Magara，2003）

三、岩浆、火山作用对成藏的积极控制作用

（1）火山喷发与岩浆侵入事件使火山（成）岩到达更浅的部位，并形成易于发育

油气藏的构造高部位。本书涉及的典型火山（成）岩油气藏中的大多数都发育于背斜构造中，如澳大利亚的 Scott Reef 气藏、印度尼西亚的 Suban 气藏、日本的吉井–东柏崎气田和阿塞拜疆的穆拉德汉雷油田等。

（2）相对于次火山岩发育的层位，浅层的未成熟烃源岩，由于遭到岩浆侵入体的热异常影响，会有一部分未达到热生烃门限的、与侵入岩保持适当距离的烃源岩成熟，继而在合适的条件下排烃、运移和成藏。在次火山岩密布的巴西、阿根廷两国，有多个盆地广泛分布次火山岩，而且已经发现次火山岩油气藏。

（3）火山（成）岩在成岩期和成岩后期中发育的连通孔隙、裂缝为油气运移的主要通道和储集空间。

（4）因为火山（成）岩相对于沉积岩的分布范围要小得多，所以火山（成）岩中的油气来源一般都为附近的烃源岩，几乎没有长距离运移的，除非受到断层影响。

（5）火山（成）岩油气藏的烃源岩成熟之后，在排烃的过程中，遵循遇到圈闭就成藏的原则，这是因为其油气运移不局限于火山（成）岩，也进入周边孔隙发育好的沉积岩。从理论上讲，火山（成）岩油气藏与常规油气藏是能够共生的。在油气勘探实践中，也发现了许多盆地中的火山（成）岩和常规油气藏相共生，如越南的白虎油田，下部为火成岩油藏，上部为常规油藏。

第六章　国外火山岩油气藏开发实例

第一节　阿根廷 Cupen Mahuida 气田开发特征

一、气田概况

Cupen Mahuida 气田是一个复杂超压的干气聚集区，位于阿根廷内乌肯盆地中部，内乌肯以西约 100km 的 Loma La Lata-Sierra Barrosa 区块，于 2001 年被发现，面积 70km²，产气层为 Precuyano 群的酸性火山岩和火山碎屑岩，平均深度 3500m，天然气储量为 $300 \times 10^8 m^3$，日产量为 $4 \times 10^4 \sim 40 \times 10^4 m^3$，截止到 2010 年共有 16 口生产井。

Loma La Lata-Sierra Barrosa 区块有两个大油田：Loma La Lata 和 Aguada Toledo-Sierra Barrosa。1937 年发现天然气，浅层也产石油、天然气和凝析油。2000 年通过 CuMx-1 井钻井和评价在深层 3000~6000m 的 Precuyo 群火山岩单元发现天然气，位于 Cupen Mahuida 构造的中部和高部。

二、气藏工程

Cupen Mahuida 处于气田评价阶段，没有可用的生产动态资料。多数井在多个层位产干气（97% 甲烷）。第一口工业气流井是 CuM. a-8 井，钻井部署在一个被逆断层切割的构造断块上。于井底部射孔，日产气 $13 \times 10^4 m^3$，日产水 $9m^3$。天然气储量采用该井的初始气水界面进行计算。

Cupen Mahuida 和 Cupen Mahuida Norte 气田于 2001 年开始产气，目前仍然在开发、密集钻井中。2007 年，10 口井的天然气日产量为 $200 \times 10^4 m^3$，单井日产量为 $4 \times 10^4 \sim 40 \times 10^4 m^3$。同一口井中不同层位的产量相差很多，产能主要与储层孔隙度、渗透率相关，其次与天然裂缝发育程度相关，但天然裂缝对产能的影响很难评估。

储层的低渗透率特性导致压力测量没有足够的稳定时间，使得多数 RFT 压力测量数据可靠性存在疑问。Cupen Mahuida 气田原始储层压力（在 3000m）为 49.5MPa，Cupen Mahuida Norte 气田原始储层压力（在 3600m）为 56.3MPa，均为超压气田，压力梯度分别为 0.0141MPa/100m 和 0.0152MPa/100m。

压力数据表明，储层产能与储层连通性相关。由于 CuM-7 井与 CuM. x-1 井产气层处于同一断块中同一层段，随着 CuM. x-1 井产气，CuM-7 井也检测出压力衰减。而 CuM-10 井位于一个独立的断块，可测得原始气藏压力。图 6-1 指示压力值随生产时间变化，可以识别出气田中的压力衰减带，确定气田动态特征中天然裂缝的存在。CuM. x-1 井（图 6-2）通过试井，建立双孔模型，储层非均质性受到低渗透率（0.037mD）、天然裂缝系统和压裂裂缝的影响。

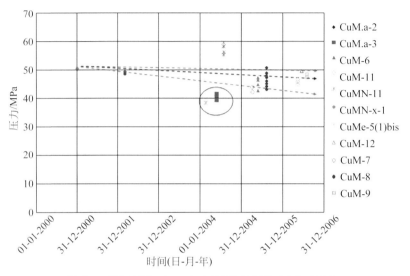

图 6-1　储层压力（RTF）与时间交会图（Cal, 2008）

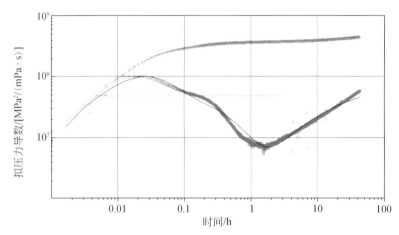

图 6-2　CuM. x-1 井压力恢复测试曲线图（双对数）（Cal, 2008）

　　尽管初期检测到的产量和压力有很大不同，Cupen Mahuida 气田井产能具有相似的特征（图 6-3）。CuM. x-1、CuM. a-3 和 CuM-4 井生产历史较长，呈双曲递减趋势，致密气藏特征明显，第一年（将近 300 天）产能呈双曲递减特征（图 6-4），为天然和压裂裂缝共同作用的结果，之后产能趋于稳定，说明产气面积有限。基于 CuM. x-1 井的原始压力恢复测试，目前气田的平均井距设定为 400～500m。

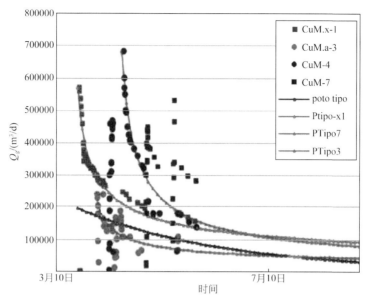

图 6-3　典型井 Q_g-时间（Cal，2008）

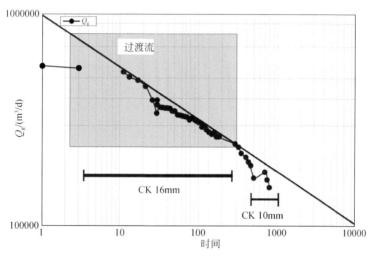

图 6-4　Q_g-时间双对数图（Cal，2008）

三、水 力 压 裂

根据 Cupen Mahuida 气田储层开发特征对 Precuyano 层位中的气藏段进行详细的增产措施设计。气井采取多层开采，水力压裂完井的开发方案，由于储层中存在地层压力较高（48.276MPa）、非均质低渗透层段和天然裂缝，开展储层分类、识别天然裂缝以及估算地质力学参数研究对设计压裂方案很重要。低渗透气藏需要低体积密度和连通性好的裂缝才能获得高产能。最终产能不仅与压裂裂缝的大小有关，还与气藏条件有关。在最终的压裂方案实施之前，先进行小规模压裂实验，以确定压裂设计的精确参数。为降低射孔高度，目前考虑采用45°斜井实施方案。

<h1 style="text-align:center">第二节　日本南长冈气田开发特征</h1>

<h2 style="text-align:center">一、气 田 概 况</h2>

南长冈气田发现于1978年，位于日本本州岛中北岸的新潟市，为日本埋藏最深的火山岩气田（3800～5000m），储集层主要为海底喷发而形成的火山岩，岩性以流纹岩为主，是日本国内天然气储量最大的气田。气田位于南北向背斜构造上，长约5km，东西两侧被两条断裂切割，宽约1.6km（图6-5）。构造内存在不同的高点，气柱高度为300～1000m。储层原始地层压力为55.848MPa，地层温度为175℃，平均孔隙度为15%，渗透率为0.01～10mD。

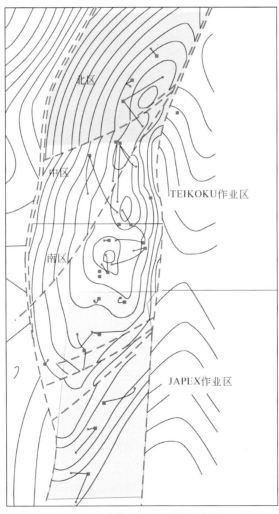

图6-5　南长冈气田开发现状图

南长冈气田 1984 年投产，由 TEIKOKU（日本帝国石油公司）和 JAPEX（日本石油勘探公司）拥有。开发初期，日产气 $100 \times 10^4 \mathrm{m}$，通过不断打新井的方式来维持开发规模；1994 年以后，随着适用于高温高压火山岩储层压裂技术的成功应用，气田北部火山岩致密储层得以成功开发，气田开发规模逐步扩大，2005 年日产气 $320 \times 10^4 \mathrm{m}^3$，截至 2006 年上半年底，共钻井 31 口，其中生产井 19 口，累计产气 $91.87 \times 10^8 \mathrm{m}^3$。

二、开采特征

1）储层非均值性强，井间产量差异大

南区储层物性较好、裂缝发育，北区储层物性差。渗透率差异较大，变化范围为 $0.01 \sim 10 \mathrm{mD}$。南区气井开发配产可达 $50 \times 10^4 \mathrm{m}^3/\mathrm{d}$，北区气井则需压裂投产，日产约 $5 \times 10^4 \mathrm{m}^3$，中区气井产量介于南、北区之间。

2）火山岩储层平面连续性差，单个岩体横向展布范围有限

图 6-6 为南长冈气田主要开发井井底静压随时间变化曲线。图中北部和翼部气井的压力下降与南部井生产有关，中部区域的气井生产后压力急剧下降，表现出了近封闭边界的特征，这说明该气田储层具有部分分区未连通性。

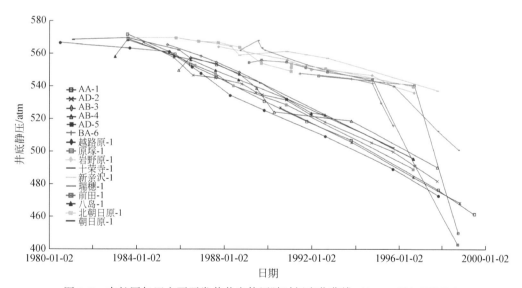

图 6-6　南长冈气田主要开发井井底静压随时间变化曲线（1atm=101.325kPa）

日本研究人员采用产气剖面测试与试井分析模拟相结合的手段，对南长冈火山岩气藏储层中天然气的渗流机理进行了研究。所有井的压力恢复曲线都表现出上翘特征，不同区域之间的非均值程度有差异（图 6-7），中部储层的非均值性更为严重。研究认为：该气田单井钻遇的火山岩储层为不连续的岩体，单个岩体横向展布范围有限，约 $5 \sim 150 \mathrm{m}$，平均为 36m（图 6-8）。

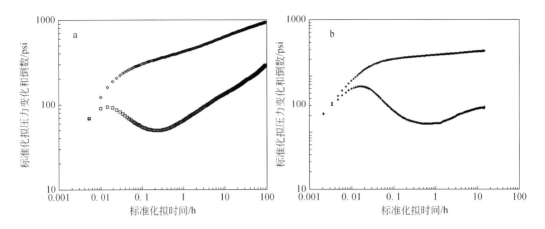

图 6-7 南长冈气田压力恢复双对数曲线（1psi=6.895kPa）

a. 中部；b. 南部和北部

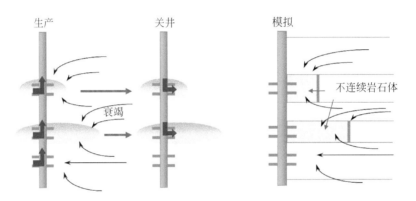

图 6-8 南长冈气田火山岩气藏两类气井产气机理示意图

图 6-9 为南长冈气田一口气井开井生产与关井恢复期间井筒产气剖面测试图。从图中看出：开井生产时，层间产量差异大；关井恢复期间，井筒中发生了明显的层间倒灌现象。反映出层间开采的不均衡，部分层压力衰减快。

图 6-10 为南长冈气田一口井生产历史拟合图。该井共射孔了 16 个层，26 个层未射孔。依据投产初期开井 4 天时的产气剖面和随后的压力恢复试井数据，早期分析认为 16 个层中有 7 个层存在封闭边界（图 6-10 中的虚线）。重新历史拟合结果表明，16 个层全部存在封闭边界（图 6-10 中的实线）。这说明早期短时开井生产未探测到边界，评价储层的平面连通性必须依据长时的生产动态。

从目前已调研到的火山岩油气藏的生产动态看出：火山岩储层普遍具有较强的非均值性，单井钻遇的单个有效储层平面上展布范围有限。这也是油气井产能高低悬殊、产量递减较快的根本原因。

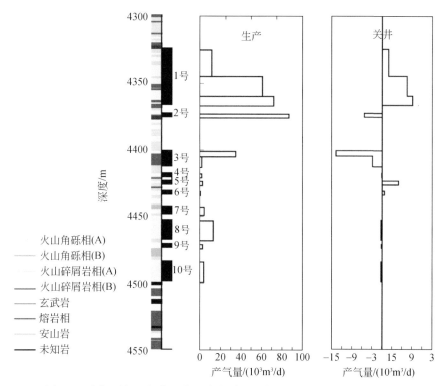

图 6-9 南长冈气田气井开井生产与关井恢复期间井筒产气剖面测试图

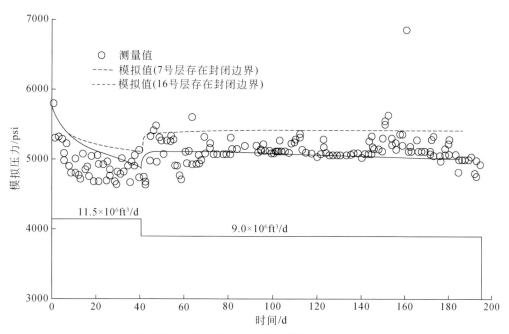

图 6-10 南长冈气田某口井不同的模型模拟压力与实际压力对比图

主要参考文献

冯阳伟, 屈红军, 杨晨艺, 等. 2012. 澳大利亚西北陆架油气成藏主控因素与勘探方向. 中南大学学报 (自然科学版), 43 (6): 2259-2268.

侯会军, 李国欣. 2009. 火山岩油气藏评价. 油田新技术, 21 (1): 36-47.

加藤进. 1988. グリーンタフ鉱床の特徴-新潟地域グンタリフー炭化水案鉱床の石油地質的研究 その3. 石油技術协会志, 53 (2): 13-25.

姜洪福, 师永民, 张玉广, 等. 2009. 全球火山岩油气资源前景分析. 资源与产业, (3): 20-22.

刘嘉麒, 孟凡超. 2009. 火山作用与油气藏. 天然气工业, 29 (8): 1-4.

庞正炼, 樊太亮, 何辉, 等. 2013. 巴西陆上盆地类型及油气地质特征. 现代地质, 27 (1): 143-151.

山田泰生, 内田隆. 1997. 片貝地域のグリーンタフ火山岩貯留層に認められる熱水変質と二次孔隙の性質. 石油技術协会志, 62 (4): 311-320.

孙桂华, 高红芳, 彭学超, 等. 2010. 越南南部九龙河盆地地质构造与沉积特征. 海洋地质与第四纪地质, 30 (6): 25-33.

童晓光, 关增焱. 2002. 世界石油勘探开发图集: 非洲地区分册. 北京: 石油工业出版社: 221-247.

张子枢, 吴邦辉. 1994. 国内外火山岩油气藏研究现状及勘探技术调研. 天然气勘探与开发, (1): 1-26.

赵文智, 邹才能, 李建忠, 等. 2009. 中国陆上东、西部地区火山岩成藏比较研究与意义. 石油勘探与开发, 36 (1): 1-11.

周藤贤治, 加藤进, 大木淳一. 1997. 新潟油・ガス田地域における中新世バイモーダル火山活動-背弧海盆拡大との関連. 石油技術协会志, 61 (1): 45-58.

邹才能, 赵文智, 贾承造, 等. 2008. 中国沉积盆地火山岩油气藏形成与分布. 石油勘探与开发, 35 (3): 257-271.

佐藤修. 1984. 火山岩貯留岩の岩相と孔隙. 石油技術协会志, 49 (1): 11-19.

Cal V M. 2008. Gas production in non-conventional volcanic rocks: a case history of the Cupen Mahuida Field, Neuquina Basin, Agentina. First Break, 26: 71-82.

Hennings P. 2012. Relationship between fractures, fault zones, stress, and reservoir productivity in the Suban gas field, Sumatra, Indonesia. AAPG Bulletin, 96 (4): 753-772.

Kodama K, Xue M, Suzuki Y. 1985. Structural analysis of deep-seated volcanic rock reservoirs by tectonic simulation. CCOP Technical Bulletin, 17: 61-79.

Lee G H, Lee K, Watkins S J. 2001. Geologic evolution of the Cuu Long and Nam Con Son basins, offshore southern Vietnam, South China Sea. AAPG Bulletin, 85 (6): 1055-1082.

Legarreta L, Cruz C, Vergani G, et al. 2004. Petroleum massbalance of the Neuquen Basin, Argentina: a comparative assessment of the productive districts and non-productive trends. AAPG Bulletin, 88 (13): 112-127.

Levin L E. 1995. Volcanogenic and volcaniclastic reservoir rocks in Mesozoic-Cenozoic Island Arcs: examples from the Caucasus and the NW Pacific. Journal of Petroleum Geology, 18 (3): 267-288.

Magara K. 2003. Volcanic reservoir rocks of norhtwestern Honshu island. Japan Geological Society, 214: 69-81.

Monreal F R, Villar H J, Baudino R, et al. 2009. Modeling an atypical petroleum system: a case study of hydrocarbon generation, migration and accumulation related to igneous intrusions in the Neuquen Basin,

Argentina. Marine and Petroleum Geology, 26: 590-605.

Schutter S R. 2003. Hydrocarbon occurrence and exploration in and around igneous rocks. Geological Society, 214: 35-68.

Shimazu M. 1985. Altered rhyolites as oil and gas reservoirs in the Minami- Nagaoka gas field (Niigata Prefecture, Japan). Chemical Geology, 49 (1-3): 363-370.

Sruoga P, Rubinstein N. 2007. Processes controlling porosity and permeability in volcanic reservoirs from the Austral and Neuque'n basins, Argentina. AAPG Bulletin, 91 (1): 115-129.

Sruoga P, Rubinstein N, Hinterwimmer G. 2004. Porosity and permeability in volcanic rocks: a case study on the Serie Tobifera, south Patagonia, Argentina. Journal of Volcanology and Geothermal Research, 132: 31-43.

Suzuki N. 1990. Application of sterane epimerization to evaluation of Yoshii gas and condensate reservoir, Niigata Basin, Japan. AAPG Bulletin, 74 (10): 1571-1589.